Laserdiagnostische Untersuchung der Tröpfchenverbrennung an einer turbulenten Freistrahlflamme mittels Raman-Spektroskopie

Zur Erlangung des akademischen Grades
Doktor der Ingenieurwissenschaften
der Fakultät für Maschinenbau
Universität Karlsruhe (TH)

genehmigte
Dissertation
von
Dipl.-Phys. Dietmar Malcherek

Tag der mündlichen Prüfung:	15. Dezember 2009
Hauptreferent:	Prof. Dr. rer. nat. habil. Ulrich Maas
Koreferent:	Prof. Dr. rer. nat. habil. Rainer Suntz

Bibliografische Information der Deutschen Nationalbibliothek
Die Deutsche Nationalbibliothek verzeichnet diese Publikation in der Deutschen Nationalbibliografie; detaillierte bibliografische Daten sind im Internet über http://dnb.d-nb.de abrufbar.

1. Aufl. - Göttingen: Cuvillier, 2010
Zugl.: (TH) Karlsruhe, Univ., Diss., 2009

978-3-86955-294-1

Nonnenstieg 8, 37075 Göttingen
Telefon: 0551-54724-0
Telefax: 0551-54724-21
www.cuvillier.de

1. Auflage, 2010
Gedruckt auf säurefreiem Papier

978-3-86955-294-1

Oft ist die Suche nach einer Antwort wichtiger als die Antwort selbst.

Lloyd Chudley Alexander

Zusammenfassung

Die Untersuchung von Verbrennungsvorgängen gestaltet sich mit herkömmlichen Mitteln bei mässiger Auflösung in Ort und Zeit sehr ungenau. Oft versagt einem die schwere Zugänglichkeit zum Ort, an welchem die Verbrennung stattfindet, sogar jegliche Untersuchungsmethodik, die zu tieferen Erkenntnissen des Verbrennungsvorganges führt. Mit der Laserspektroskopie lassen sich bei sehr hoher Zeit- und Ortsauflösung aber genau die Informationen gewinnen, die Reaktanden in einem thermisch-chemischen Wechselspiel vollführen. Mit dem entscheidenden Vorteil der Berührungslosigkeit tritt das Laserlicht mit den an der chemischen Reaktion beteiligten Reaktanden in Wechselwirkung, die nicht nur auf molekülspezifischer Weise wie ein genetischer Fingerabdruck wichtige Erkenntnisse via Emissionsspektren liefert, sondern das zu untersuchende Medium in ihrem urspünglichen Zustand unverändert lässt. Über geeignete Auswertemechanismen lassen sich damit Parameter wie Molenbruch, Temperaturverteilung, Mischungsbruch, usw. simultan und In Situ selbst in sehr heissen und aggressiven Zuständen erarbeiten.
In der vorliegenden Arbeit wurde eine turbulente pilotflammengestützte Freistrahlflamme mit Hilfe der Ramanspektroskopie laserdiagnostisch untersucht. Mit einem geeigneten und auf dieses Experiment abgestimmten Auswerteverfahren konnten Molenbrüche der Spezies (CO_2, O_2, CO, N_2, CH_4, H_2O und H_2) sowie deren Standardabweichung, Temperaturverteilung und Mischungsbruch ermittelt werden und mit Ergebnissen einer hybriden PDF - Simulation verglichen werden. In einem zweiten Schritt wurden in derselben Flammenkonfiguration Kraftstofftröpfchen (Ethanol) in die Flamme eingebracht und das modifizierte Brennverhalten rasterartig über die gesamte Flamme ramanspektroskopisch detektiert. In Bereichen, in denen sich der Einfluss des flüssigen Kraftstoffs am markantesten auswirkt, wurden im Vergleich zur reinen Gasflamme die deutlichsten Veränderungen in den Spezies CO_2, O_2 und H_2O gefunden: Im Bereich des chemischen Gleichgewichts konnte in einer Höhe von 250 mm über dem Brennerkopf und einer radialen Verschiebung von 10 mm zur Mittelachse eine Zunahme des Molenbruchs für CO_2 detektiert werden. Der Molenbruch für CO_2 liegt mit einem Wert von 0.09 um 10 % über dem der turbulenten Flamme im Einphasenbetrieb (0.08), die Molenbrüche der Spezies H_2O und O_2 reduzieren sich auf 0.18 für H_2O um 5 % (von 0.19) und für O_2 auf 0.020 um 17 % (von 0.028) (vgl. Kap. 2.1). Die Temperatur liegt für die einphasige turbulente Flamme bei 2110 K und erhöht sich durch die Kraftstoffzufuhr mit 3 % auf 2170 K. Bezüglich CO und H_2 sind keine konkreten Aussagen möglich und werden wegen erschwerter Auswertbarkeit der Ramansignale nur bedingt betrachtet (siehe Kap. 3).
In einer Vorversuchsreihe konnten die tropfenspezifischen Grössen wie Durchmesser und Abstand der Tröpfchen im Jet erarbeitet werden, die als Grundlage zu den Messungen der Tröpfchenparameter in der turbulenten Strömung dienten. Hierzu wurden über verschiedene Frequenzen die Beugungsspektren aufgenommen, aus welchen sich der Durchmesser sowie Tropfenabstand ermitteln liessen. Bei einer Frequenz von $f = 122$ Hz und einem Flüssigkeitsdruck von $p = 4$ bar beziffert sich der Tropfendurchmesser auf 103 μm und steht dem theoretischen Wert von 90.5 μm

mit einer Abweichung von ca. 12 % gegenüber. Mit denselben Betriebsparametern wurde der Tropfenjet in der turbulenten Freistrahlflamme im Zweiphasenbetrieb gearbeitet. Unter betriebsnahen Bedingungen (turbulente Tropfenumgebung) und denselben Betriebsparametern wie im Vorversuch konnte eine gute Übereinstimmung zwischen theoretischen und gemessenen Tropfengrössen gefunden werden [GK86, ARF91, RAF91].

Inhaltsverzeichnis

Verwendete Symbole

x_i	Molenbruch der Spezies i	[-]
ρ	Dichte	[g cm^{-3}]
T	Temperatur	[K]
k	Boltzmann-Konstante	[J K^{-1}]
ν	Frequenz	[Hz]
q	Elementarladung	[A s]
λ	Wellenlänge	[nm]
α	Polarisierbarkeit	[-]
I	Intensität	[-]
$\partial\sigma/\partial\Omega$	differentieller Wirkungsquerschnitt	[barn = $10^{-24}\,\mathrm{cm}^2$]
R_G	ideale Gaskonstante	[J K^{-1} mol^{-1}]
V	Volumen	[m^3]
p	Druck	[bar]
$\dot{V}$	Volumenstrom	[l min^{-1}]
f	Brennweite	[m]
s_T	Tropfenabstand	[μm]
s_S	Abstand Tropfenstrahl zur Mattscheibe	[mm]
s_M	Abstand Laser-Durchstosspunkt zum Beugungsmaximun	[mm]
v_T	Tropfengeschwindigkeit	[m s^{-1}]
Φ	Äquivalenzverhältnis	[-]
r	Radius	[m]
d_T	Tropfendurchmesser	[μm]
$\vec{\mu}$	Dipolmoment	[C m]
$\vec{E}$	Elektrischer Feldvektor	[V m^{-1}]
t	Zeit	[s]
D	Diffusionskoeffizient eines Brennstoffs gegenüber Luft	[-]
E	Energie	[Joule]
h	Plancksches Wirkungsquantum	[J s]
Re	Reynoldssche Zahl	[-]
R_t	Turbulente Reynoldssche Zahl	[-]
n_i	Teilchenzahl der Spezies i	[-]
m	Brechungsindex	[-]
$\Delta\Theta$	Beobachtungswinkel	[rad]
N	Ordnung der Hauptmaxima	[-]
u, v	Geschwindigkeitskomponenten	[m s^{-1}]
ε	Abbildungseffizienz	[-]
A	Fläche	[cm^2]
S	Signalstärke	[-]
F	Mischungsbruch	[-]
Z_α	Massenbruch des Elements α	[-]
W_α	Atommasse des Elements α	[u]
Oh	Ohnesorge-Zahl	[-]
We	Weber-Zahl	[-]

l	charakteristische Länge	[m]
$\bar{\mu}$	molekulare Viskosität	[N s m^{-2}]
v'	Turbulenzintensität	[m s^{-1}]
l_0	integrales Längenmass	[m]
R_l	turbulente Reynoldszahl	[-]
t_0	integrales Zeitmass	[s]
t_l	Zeit derchemischen Reaktion	[s]
l_l	Dicke der laminaren Flammenfront	[mm]
v_l	laminare Flammengeschwindigkeit	[m s^{-1}]
Ka	Karlovitz-Zahl	[-]
t_k	Kolmogorov-Zeitskala	[s]
μ	kinematische Viskosität	[m^2 s^{-1}]
$\tilde{\varepsilon}$	Dissipationsgeschwindigkeit	[m^2 s^{-3}]
v_t	turbulente Ausbreitungsgeschwindigkeit	[m s^{-1}]
A_L	Fläche laminare Flammenfront	[cm^2]
A_T	Fläche turbulente Flammenfront	[cm^2]
m	Masse	[g]
ε	Dissipationsrate der turbulenten Energie	[m^2 s^{-3}]
k	turbulente kinetische Energie	[m^2 s^{-2}]

Verwendete Abkürzungen

Nd:YAG	Neodymium Yttrium - Aluminium - Granat
ICCD	Intensified Charge Coupled Device
PDF	Propability Density Function
CFD	Computational Fluid Dynamics
ILDM	Instrinsic Low Dimensional Manifold
CARS	Coherent Antistokes Raman - Spektroskopy
LIF	Laserinduzierte Fluoreszenz
cw	continuous wave

1 Einleitung

Turbulente Verbrennungsprozesse werden vielfältig in der Technik eingesetzt. Sie dienen im allgemeinen zur Gewinnung von mechanischer oder elektrischer Energie und werden über die Freisetzung von thermischer Energie und geeigneten Technologien gewonnen (Abb. 1).
Die thermische Energie ist ein Produkt in Folge einer exothermen chemischen Reaktion und hängt im Betrag wesentlich von ihren Reaktanden, d.h. von Brennstoff und Oxidationsmittel, der Gasgemischzusammensetzung sowie von der Geometrie von Brennkammern und der Gasströmung ab (Kap. 2.1). Das Oxidationsmittel ist Sauerstoff, das in der Regel aus der Luft bezogen wird. Beim Brennstoff lässt sich in Bezug auf die physikalischen Eigenschaft in

- gasförmigen (Ein-Phasen-Verbrennung),
- flüssigen (Zwei-Phasen-Verbrennung) oder
- festem Brennstoff

unterscheiden. Die wichtigsten Technologien zur Energieumwandlung bei gasförmigen Brennstoffen sind beispielsweise die Gasturbinen und Düsentriebwerke. Ihr zugrundeliegender turbulenter Verbrennungsprozess entspricht der einer *nicht-vorgemischten Flamme*, d.h. Brennstoff und Oxidationsmittel vermischen sich erst am Ort der Verbrennung. Die Umsetzung nicht-vorgemischter Flammen erfolgt über Brenner, die auf den gewünschten Technologieprozess abgestimmt sind, um die maximale Verbrennungseffizienz zu erreichen. Beispiele hierfür sind Gegenstrom- und Drallflammen. Letztere werden in industriellen Kraftwerkskesseln und Industriedampferzeugern eingesetzt sowie im kleineren Massstab als Gebäudeheizungsbrenner. Nicht-vorgemischte Flammen werden nicht zuletzt aus sicherheitstechnischen Gründen gegenüber vorgemischten Flammen im technischen Einsatz bevorzugt. Bei der turbulenten *vorgemischten Flamme* dagegen werden Brennstoff und Oxidationsmittel vor dem Verbrennungsprozess in einem bestimmten Verhältnis zusammengeführt und nach Austritt aus dem Brenner entzündet. Die Stabilisierung einer turbulenten Vormischflamme erfolgt entweder über eine Rezirkulationszone, wie sie in den Arbeiten von [MBF$^+$96, Ste02] angewandt wurden. Das zirkulierende heisse Gas im Innern des Flammenhalses versorgt das nachströmende Frischgasgemisch mit der notwendigen Energie, um die Flamme zu stabilisieren. Eine andere Methode zur Flammenstabilisierung erfolgt über eine Stütz- (Pilot-) Flamme. Sie umschliesst den vorgemischten Hauptstrahljet und gewährleistet so einen stabilen Flammenverlauf. Die chemischen Reaktionen finden in der Flammenfront statt, die das Frischgas vom verbrannten Gas trennt. Vorgemischte Flammen haben den Vorteil, dass sie auf kleinestem Raum eine effektive Verbrennung gewähleisten und wegen ihrer sehr hohen Leistungsdichte meist hochturbulent eingesetzt werden [Bar97].

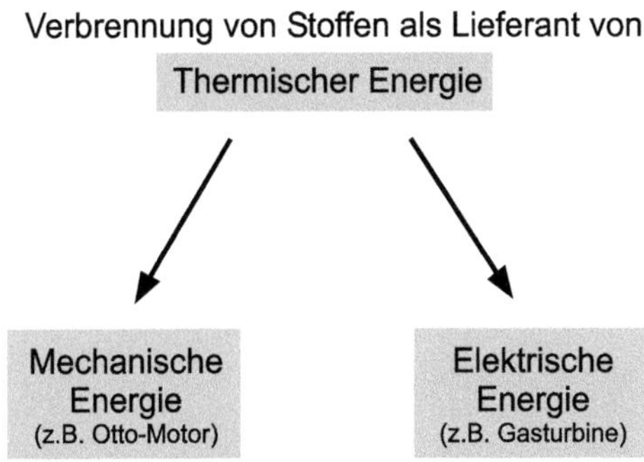

Abb. 1: Schematische Darstellung der Energiegewinnung über die Verbrennung.

Mit flüssigem Brennstoff werden Energieumwandlungsmodelle verwendet, wie man sie bei der motorischen Verbrennung wiederfindet. Am Beispiel des Otto-Motors wird das Zwei-Phasen-System von flüssigem Kraftstoff und Luft in der Ansaugphase möglichst homogenen vermischt, das nach der Kompression entzündet wird. Ein hoher homogener Vermischungsgrad wird unter Berücksichtigung strömungsmechanischer Effekte durch die Oberflächengeometrie des Kolbens erreicht, um eine möglichst vollständige Verbrennung anzustreben.
Um ein eindringlicheres Verständnis von der turbulenten Verbrennung zu bekommen, werden Verbrennungsmechanismen aus dem industriell-angewandten Bereich nachempfunden und im labor-technisch angepassten Massstab experimentell untersucht. In der vorliegenden Arbeit wird deshalb die turbulente Verbrennung an einer vorgemischten Freistrahlflamme, die durch eine laminare Pilotflamme gestützt wird, durchgeführt. Vormischflammen eigenen sich wegen ihrer experimentellen Zugänglichkeit für experimentelle Untersuchungen vorzüglich. Die Realisierung der Freistrahlflamme erfolgt über einen Brennerkopf, der an die bestehende Brennervorrichtung angepasst und den Anforderungen entsprechend konzipiert wurde. Das Gasgemisch der Hauptflamme ist eine Kombination aus Erdgas (CH_4) und Luft (N_2 und O_2) mit einem Äquivalenzverhältnis von $\Phi_{FF} = 0.95$, die die zur Zündung notwendige thermische Energie von einer umgebenden Pilotflamme ($\Phi_{Pilot} = 1.15$) bezieht. Gasgemischzusammensetzungen und Volumenströme von Pilot- und Hauptflamme sind so aufeinander abgestimmt, dass eine stabile Flammenkonfiguration unter labortechnischen Bedingungen gewährleistet ist.
Mit der Zuführung von Kraftstoff in Form von Tröpfchen in einer Tropfenkette wird die turbulente Freistrahlflamme um einen weiteren Phasen-Freiheitsgrad erweitert. Der zugeführte flüssige Kraftstoff erweitert die bisherige Konfiguration zu einem Zwei-Phasen-System. Die durch den Kraftstoff Ethanol hervorgerufenen geänderte Produktbildung soll sich im Vergleich zur turbulenten Freistrahlflamme in Ein-Phasen-Betrieb in Regionen, die sich durch heisse Temperaturen auszeichnen, manifestieren. Beide Flammenkonfigurationen wurden mit dem Messverfahren,

der Raman-Spektroskopie, unter gleichem technischen Standard und mit gleichen Betriebsparametern untersucht. Als Referenz zu den Messdaten wird die Vormischflamme ohne Kraftstofftröpfchen mathematisch modelliert und beide Datensätze gegenübergestellt. Die Simulation wurde am Institut für Technische Verbrennung der Universität Stuttgart durchgeführt.

2 Theoretische Grundlagen

2.1 Verbrennung

Unter einer Verbrennung versteht man die chemische Reaktion zwischen den Reaktanden Brennstoff und Oxidationsmittel unter Bildung von Verbrennungsprodukten und chemischer Energie ΔE. Sie besteht aus einer Vielzahl von Elementarreaktionen, die über die Produktion von Zwischenprodukten miteinander gekoppelt sind [WMD01].
Als Beispiel eines einphasigen Verbrennungsprozesses und in Anlehnung an diese Arbeit wird als Brennstoff Methan und als Oxidationsmittel Sauerstoff, bzw. Luft verwendet. Unter idealen Bedingungen kann der Verbrennungsprozess eines Methan-Luft-Gasgemisches global in der Bruttoreaktion dargestellt werden wie

$$\mathrm{CH_4} + 2\,\mathrm{O_2} \longrightarrow \mathrm{CO_2} + 2\,\mathrm{H_2O} + ... + \Delta\mathrm{E}\,, \tag{1}$$

wobei in Glg. (1) die Bildung von Zwischenprodukten und Spuren von Endprodukten unberücksichtigt bleiben [JW99]. *Ideal* bedeutet in diesem Zusammenhang, dass sich Brennstoff und Oxidationsmittel vollständig verbrauchen unter Bildung der Endprodukte Kohlendioxid und Wasser. Eine *stöchiometrische* Verbrennung dieser Art wird vorwiegend durch einen vorgemischten Ausgangszustand der beteiligten Stoffe umgesetzt. Abweichungen von einer stöchimetrischen Verbrennung, d.h. bei zu hoher Brennstoffkonzentration (*fette* Verbrennung), respektive geringe Brennstoffkonzentration im Verhältnis zum Oxidationsmittel (*magere* Verbrennung), induzieren eine erhöhte Bildung unerwünschter Spezies (z.B. C_2H_2 als Vorreiter zur Russbildung), die es aus umweltbedingter Sicht zu vermeiden gilt.
Technisch relevante Verbrennungsvorgänge erfordern eine hohe Leistungsdichte bei möglichst optimaler Ausnutzung des Kraftstoffs. Angewandt auf Flammen wird das bei hohen Gasströmungen, d.h. durch einen hohen *Turbulenz*grad, realisiert, womit eine turbulente Verbrennung erreicht wird, bei der pro Zeit mehr Kraftstoff-Luft-Gemisch umgesetzt wird [RG74]. Während laminare Strömungen bei niedrig bis mässig hoher Geschwindigkeit einem ebenmässigen Stromlinienverlauf folgen, entwickeln sich bei turbulenten Strömungen Verwirbelungen, die sich nur statistisch erfassen lassen. Gleiches lässt sich auf die Flammenfronten laminarer und turbulenter Flammen applizieren: Bei laminaren Flammen verläuft die Flammenfront, die als endlich dicke Reaktionszone zwischen Frischgas und verbranntem Gas aufgefasst wird, ebenmässig, die mit zunehmenden Strömungsgeschwindigkeiten aufreisst und lokale Wirbel bildet. Die Beschreibung einer turbulenten Vormischflamme fällt dadurch bei hinreichend geringer Turbulenz bei lokal gekrümmter Flammenfront durch ein Ensemble von laminaren Vormischflammen (*Flamelet*-Konzept) mit statistischen Charakter aus [WMD01] (siehe dazu auch Kap. 2.1.2).
Die Untersuchung der Verbrennung am Flammen konzentriert sich vorwiegend auf die von turbulenten Flammen. Wichtige Parameter, die ein tieferes Verständnis dafür bieten, ist neben der Molenbruchverteilung x_i und Temperatur T die Chemie-Turbulenz-Wechselwirkung. Unter ihr versteht man die gegenseitige Beeinflussung

von turbulenter Strömung und chemischer Reaktion in einem reaktiven Gemisch [Maa99]. Dazu gehören beispielsweise die Untersuchung von partiell auftretenden erhöhten Flammengeschwindigkeiten, die unvollständige Verbrennung bis hin zur Flammenlöschung sowie die Flammenstabilisierung. Anhand der Daten, die sich aus adaptierten Experimenten ermitteln lassen, werden mathematische Modelle für turbulente Verbrennungsprozesse entwickelt, an denen sich im Rückschluss weitere experimentelle Untersuchungen validieren lassen.
Mehrphasenprozesse in der Verbrennung erweitern die mathematische Modellierung von Einphasen-Verbrennungsmechanismen um ein zusätzliches an Wärme- und Stoffübertragung in der Gasphase, der Flüssigkeit und an der Grenzschicht, mit der eine komplexere Kinetik und Chemie einhergeht [Maa03]. Um die zusätzlichen Einflüsse, die durch die Einspritzung eines flüssigen Brennstoffs in eine turbulente Flamme eingebracht werden, untersuchen zu können, wird der Kraftstoff unter definierten Bedingungen in das Flammenfeld injiziert, in welchem er anschliessend verbrennt (siehe dazu Kap. 2.4.3). Definierte Bedingungen im Versuchsstadium erfordern eine Reproduzierbarkeit der Injektion des flüssigen Kraftstoffs in die turbulente Vormischflamme, wie beispielsweise durch die Generierung homogener monodisperser Tröpfchen (Kap. 2.4.2).
Wird unter bisherigen Bedingungen, der einer turbulenten Methan-Luft-Vormischflamme, ein Kraftstoff wie Ethanol in Form von Tröpfchen vordefinierter Grösse zugeführt, so erweitert sich Glg. (1) um den Betrag von Ethanol zu

$$\mathrm{CH_4 + 3\,O_2 + C_2H_5OH \longrightarrow 3\,CO_2 + 4\,H_2 + H_2O + ... + \Delta E} \qquad (2)$$

und verändert die chemische Reaktionskinetik mit modifizierten Spezieskonzentrationen, wie sie in Glg. (2) wiedergegeben ist [Mor05]. Die veränderte Gasgemischzusammensetzung durch Ethanol erzwingt eine Umverteilung der Molenbrüche. bzw. Konzentrationen der Spezies in einer Vormischflamme, die überwiegend in Flammenregionen in Erscheinung treten, die sich durch hohe Temperaturen auszeichen. Erst in diesen Bereichen findet ein Wärmetransport von der heissen Verbrennungszone auf die "kalten" Tröpfchen statt, sodass der flüssige Kraftstoff verdampfen und ein brennbares Gasgemisch bilden kann (Kap. 2.4.3).

2.1.1 Turbulente Prozesse

Ein wichtiger Aspekt bei vielen technischen Verbrennungsprozessen ist die Turbulenz in Strömungen. Turbulente Strömungen unterliegen schnellen Fluktuationen und werden im allgemeinen nach der inneren Reibung und den damit verbundenen Impulsübertrag von Geschwindigkeitsgradienten zwischen den Gasschichten beschrieben. Ein Kennwert dafür ist die sog. *Reynoldssche Zahl Re*, die als dimensionslose Zahl in das Widerstandsgesetz nach Stokes und Hagen - Poiseuille eingeht und als Umschlagskriterium einer betreffenden Strömung von laminar zu turbulent benutzt wird [BS74]. Die Reynoldszahl stellt die Grenze zwischen laminarer und turbulenter Strömung dar und wird wiedergegeben durch

$$Re = \frac{\rho \cdot v \cdot l}{\bar{\mu}} \,. \tag{3}$$

Hierbei sind ρ die Dichte, v die Geschwindigkeit und $\bar{\mu}$ die Viskosität des Mediums, sowie l die charakteristische Länge des Systems.
Turbulente Prozesse zeichnen sich durch unregelmässige Schwankungen in Ort und Zeit der physikalischen Grössen Dichte, Temperatur, Geschwindigkeit und Gasgemischzusammensetzung aus. Eine Folge dieser Diskontinuität ist die Ausbildung von turbulenten Prozessen in Form von Wirbelbildungen, die mit zunehmendem Turbulenzgrad begünstigt wird. Zur Beschreibung des Turbulenzgrades wird die *turbulente Reynoldszahl* R_l hergeleitet, die durch die Turbulenzintensitat v', die dynamische Viskosität μ und das integrale Längenmass l_0 wiedergegeben wird nach

$$R_\mathrm{l} = \frac{v' \cdot l_0}{\mu} \,. \tag{4}$$

Im Gegensatz zu laminaren Strömuingsverhältnissen besitzen turbulente Prozesse keine definierten Längen-, Zeit- und Geschwindigkeitsgrössen. Aus diesem Grund werden dimensionslose Kenngrössen eingeführt, die als charakteristische turbulente Strömungsmasse mit den laminaren Kenngrössen verglichen, bzw. ins Verhältnis gesetzt werden. Eine dieser Kenngrössen ist die turbulente *Damköhler*-Zahl. Sie beschreibt das Verhältnis des integralen Zeitmasses t_0 zur Zeitskala der chemischen Reaktion t_L wie

$$Da = \frac{t_0}{t_\mathrm{L}}, \tag{5}$$

wobei die Zeitskalen mit der Dicke der laminaren Flammenfront l_L und der laminaren Flammengeschwindigkeit v_L wiedergegeben sind durch

$$t_0 = \frac{l_0}{v'} \,, \text{ bzw. } \quad t_\mathrm{L} = \frac{l_\mathrm{L}}{v_\mathrm{L}} \,. \tag{6}$$

Die zweite Kenngrösse ist die turbulente *Karlovitz*-Zahl. Sie gibt das Verhältnis der Zeitskalen von laminarer Flamme t_L zur Kolmogorov-Zeitskala t_k an mit

$$Ka = \frac{t_\mathrm{L}}{t_\mathrm{k}} \,, \text{wobei } \quad t_\mathrm{k} = \sqrt{\frac{\mu}{\tilde{\varepsilon}}} \,. \tag{7}$$

μ ist die charakteristische kinematische Viskosität und $\tilde{\varepsilon}$ die Dissipationsgeschwindigkeit der turbulenten kinetischen Energie. Die Kolmogorov-Zeitskalen entsprechen den kleinsten turblenten Prozessen. Unterhalb ihrer finden keine turbulenten Prozesse mehr statt, ihre Energie wird an die Umgebung abgegeben ($\Rightarrow$ *Dissipationsenergie*).
In einem Diagramm lassen sich turbulente Verbrennungsprozesse in Regimes mit $Ka = 1$ und $Da = 1$ einteilen, wie sie in Abb. 2 wiedergegeben sind; in der Literatur wird diese Darstellung als *Borghi-Diagramm* bezeichnet [Bor88]. Aufgetragen über

die Abszisse mit l_0/l_L und der Ordinate v'/v_L ergeben sich die Bereiche mit $R_\mathrm{t} < 1$, dem Bereich laminarer flacher Flammenfronten, $Ka < 1$, das Regime der gekrümmten und lokal gestreckten Flammenfronten mit Inselbildung sowie dem Bereich des idealen Rührreaktors $Da < 1$. Letztgenannter Bereich zeichnet sich vielmehr durch seine hohe Turbulenzintensität in eine über den gesamten integralen Bereich aufgeweitete Reaktionszone aus, in der keine Flammenfront mehr zu erkennen ist.

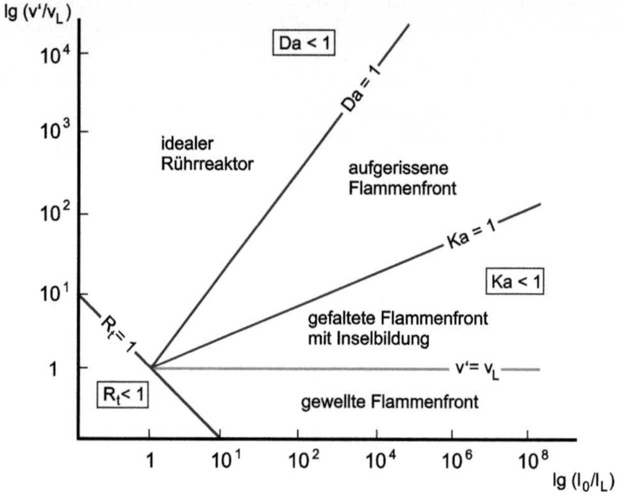

Abb. 2: Klassifizierung von Verbrennungsprozessen einer turbulenten Vormischflamme (Borghi-Diagramm).

Im Bereich von $Ka < 1$ dagegen liegen Flammenfronten vor, die gefaltet, jedoch lokal gestreckt sind. Sie sind eine Folge von kleinsten Wirbeln in der Strömung, die nicht in die Flammenfront eindringen und diese aufreissen können. Die partiell gestreckten Flammenfronten lassen sich wie laminare Vormischflammen behandeln, die in Summe die turbulente Flammenfront bilden. Man bezeichnet diesen Bereich daher auch als Flamelet-Bereich, der im folgenden Kap. 2.1.2 näher behandelt wird. Im Regime $Ka < 1$ und $Da > 1$ sind die Flammenfronten verbreitert, sodass sich kleinste turbulente Prozesse in ihnen bilden. Nach [Pet86] lässt sich dieser Bereich detaillierter betrachten. Es wird allerdings auf diese verbesserte Darstellung verzichtet, da sich in der Literatur auf die Einteilung der Regimes nach Borghi bezogen wird.

2.1.2 Flamelet-Modell

Laminare Flammen zeichnen sich im allgemeinen durch eine gleichmässige Struktur der Flammenfront aus (siehe Bereich "$R_t < 1$" in Abb. 2). Der zugrundeliegende Verbrennungsprozess lässt sich über die verbrennungsrelevanten Parameter wie Temperaturverteilung, Massenbruch und Flammengeschwindigkeit bei nicht vorgemischten Flammen direkt und bei vorgemischten laminaren Flammen über eine Reaktionsfortschrittsvariable eindeutig bestimmen [WMD96]. Die Flammenfront turbulenter Flammen ist dagegen lokal verwinkelt und mit immer grösser werdenden Turbulenz zunehmend dreidimensional. Eine sinnvolle mathematische Beschreibung lässt sich dann nur über ein geeignetes Modell durchführen. Bei hinreichend geringer Turbulenzintensität lassen sich die gekrümmten Strukturen einer turbulenten Flammenfront in ein Ensemble sehr vieler kleiner laminarer Flammen aufstellen, die in einem turbulenten Strömungsfeld liegen. Dabei gilt die Annahme, dass die Turbulenz die prinzipielle Struktur der Flammenfront nicht verändert, sondern lediglich verzerrt. Das Ensemble von laminaren Flammen im turbulenten Strömungsfeld entspricht dem *Flamelet*-Bereich.

In Abb. 3 ist eine turbulente Flammenfront schematisch dargestellt. Ihre Fortpflanzungsgeschwindigkeit v_T wird anhand von lokal gestreckten Flammenfronten (Flamelets) A_L, die sich mit einer Ausbreitungsgeschwindigkeit v_L fortpflanzen, beschrieben wie

$$\rho_u v_\mathrm{T} A_\mathrm{T} = \rho_u v_\mathrm{L} A_\mathrm{L} \ , \tag{8}$$

sodass sich für die turbulente Flammengeschwindigkeit v_T über das Flächenverhältnis von A_L zu A_T ergibt wie

$$v_\mathrm{T} = v_\mathrm{L} A_\mathrm{L} / A_\mathrm{T} \ . \tag{9}$$

A_L steht dabei für die gesamte Fläche der laminaren Flammenfronten und A_T für die der mittleren turbulenten Flammenfront. Glg. (9) ist unabhängig vom turbulenten Längenmass und nur anwendbar, wenn sich das Gasgemisch im Bereich der Stöchiometrie befindet.

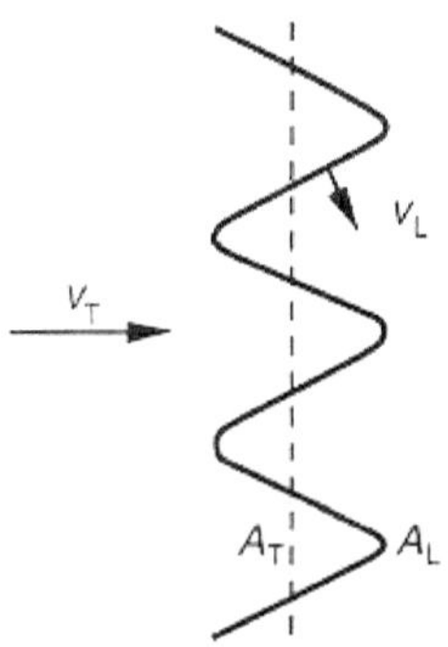

Abb. 3: Die turbulente Flammengeschwindigkeit v_T wird anhand laminarer und gestreckter Flammen (Flamelets), die sich mit der Geschwindigkeit v_L ausbreiten, beschrieben [WMD96].

In der vorliegenden Arbeit wurde eine turbulente pilotstabilisierte Freistrahlflamme laserspektroskopisch untersucht. Zur Bestimmung der verbrennungsspezifischen Parameter Molenbruch, Temperatur und Mischungsbruch sind die Signalflächen der einzelnen Spezies ausgewertet worden. Wegen der Problematik in der Signalauswertung, wie sie in Kap. 3.2.2 näher beschrieben wird, wurde aus diesem Grund eine erste Referenz geschaffen, die den Auswertemechanismus für die Signalflächen verifizieren soll. Hierzu wurden Daten aus den Berechnungen laminarer Flammen den experimentell ermittelten Daten gegenübergestellt (Kap. 5.2.1). Die Verifikation der Signalflächen mit den berechneten Daten laminarer Flammen gilt als Grundlage für die weitere Bestimmung der flammenspezifischen Parameter.

2.2 Mathematische Modellierung turbulenter Prozesse

Turbulente Verbrennungsprozesse lassen sich durch die Methode der matematischen Modellierung unter Berücksichtigung detaillierter Reaktionsmechanismen und Transportmodelle theoretisch hinreichend genau bestimmen. Ihre Rechengebiete sind aufgrund ihrer ausgedehnten Skalen in Länge, Zeit und Anzahl der Spezies sehr komplex und lassen sich daher nur unter vereinfachenden Annahmen bestimmen. Um turbulente Flammen numerisch simulieren zu können, werden deshalb Vereinfachungen in der Strömungsberechnung (z.B. Lösung der gemittelten Erhaltungsgleichungen) und den chemischen Reaktionsmechanismen (z.B. reduzierte Mechanismen) angewandt. Im Rahmen dieser Arbeit wurden zur Vereinfachung der Physik und der Reaktionskinetik folgende Methoden verwendet:

- Eine statistische Beschreibung turbulenter Strömungen mit Hilfe eines *hybriden PDF-CFD-Ansatzes* [WMD96, Pop90, Pop85a] sowie
- die Beschreibung der chemischen Kinetik durch die Verwendung reduzierter Reaktionsmechanismen nach der Methode der *intrinsischen niedrigdimensionalen Mannigfaltigkeiten (ILDM)* [MP92b, MP92a].

Zur Berechnung praxisrelevanter turbulenter Flammen wird am Institut für Technische Thermodynamik vorzugsweise das Modell der PDF-Methode angewandt. Ihr Vorteil erscheint darin, chemische Reaktionen ohne Modellannahmen beschreiben und geschlossen darstellen zu können. Die turbulente Verbrennung wird dadurch detailgetreu auf der Basis laminarer, räumlich homogener Verbrennungschemie beschrieben [Bor88].

2.2.1 Statistische Modellierung

Für die mathematische Modellierung turbulenter Strömungen wird das Konzept der numerischen Simulation angewandt; ihre Berechnung basiert wegen des stochastischen Charakters der Turbulenz auf einen statistischem Ansatz. Um eine in sich geschlossene und umfassende Berechnung erstellen zu können, muss die

Bestimmung für ungeschlossene Terme, die aus den Reynolds-gemittelten Erhaltungsgleichungen für Masse, Impuls, Energie und Spezieskonzentrationen hervorgehen und die zur Beschreibung der Kinetik notwendig sind, zugänglich gemacht werden [LW80, Pet00, Pop00]. Die Reynoldschen Spannungen $\langle U_j'' U_i'' \rangle$ lassen sich beispielsweise durch einen Wirbelviskositätsansatz [SK96] und ein Standard-k-ϵ-Turbulenzmodell [LRR75, Wil93] modellieren, während bei Ein-Punkt-Prozessen wie beim mittleren chemischen Quellterm weitere Modelle benötigt werden. Um diese Prozesse besser beschreiben zu können, wird eine statistische Methode, basierend auf der *gebundenen Wahrscheinlichkeitsdichtefunktion* $f(V, \psi; x, t)$ (PDF), verwendet:

$$f\,(V, \psi; x, t)\, d^3V d^n\psi = \mathrm{Prob}\,(V \leq U < V + dV,\ \psi \leq \phi < \psi + d\psi)\,. \tag{10}$$

Glg. (10) beschreibt die Wahrscheinlichkeit, dass die Geschwindigkeit U innerhalb eines bestimmten Intervalls $[V, V + dV]$ bei gleichzeitiger skalarer chemischer Zusammensetzung ϕ im Intervall $[\psi, \psi + d\psi]$ vorliegt. Aus Impuls- und Speziesmassenerhaltung lässt sich für die PDF eine *Transportgleichung* [Pop85b] ableiten

$$\begin{aligned}
&\overbrace{\rho(\psi)\frac{\partial f}{\partial t}}^{\text{(I)}} + \overbrace{\rho(\psi)\,\nu_i\frac{\partial f}{\partial x_j}}^{\text{(II)}} + \overbrace{\left[\rho(\psi)g_j - \frac{\partial\langle p\rangle}{\partial x_j}\right]\frac{\partial f}{\partial \nu_j}}^{\text{(III)}} + \overbrace{\frac{\partial}{\partial\psi_\alpha}\left[\rho(\psi)\,S_\alpha(\psi) f\right]}^{\text{(IV)}} \\
&= \underbrace{\frac{\partial}{\partial \nu_j}\left[\left\langle\frac{\partial\tau_{ij}}{\partial x_i} - \frac{\partial p'}{\partial x_j}\Big|\,\nu,\psi\right\rangle f\right]}_{\text{(V)}} + \underbrace{\frac{\partial}{\partial\psi_\alpha}\left[\left\langle\frac{\partial J_i^\alpha}{\partial x_i}\Big|\,\nu,\psi\right\rangle f\right]}_{\text{(VI)}}
\end{aligned} \tag{11}$$

die numerisch gelöst werden kann. Der linke Teil aus Glg. (11) stellt geschlosse Terme dar, die im einzelnen

(I) die zeitliche Änderung von f,
(II) die Konvektion im physikalischen Raum,
(III) die Beschleunigung durch Körperkräfte und durch den mittleren Druckgradienten sowie
(IV) den chemischen Quellterm

darstellen. Der rechte Teil der Gleichung ist hingegen ungeschlossen, dessen Terme zum einen die viskosen Kräfte und Druckfluktuationen (V) und zum andern die molekulare Diffusion, bzw. die Wärmeleitung (VI) enthält. Für die Modellierung des molekularen Transports beispielsweise wird im Rahmen dieser Arbeit ein sog. Mischungsmodell, das modifizierte Curlsmodell *EMST*, verwendet [Cur63, JKK79]. In ihm liegt die Annahme einer Vermischung skalarer Eigenschaften unter Partikelpaaren zugrunde, wobei der Mischungsgrad in Richtung des Mittelwertes des Partikelpaares zufällig ausgewählt wird [Pop82]. Wegen der hohen Dimension der PDF wird hier i.A. das Monte-Carlo Verfahren zur numerischen Lösung angewandt. Es unterscheidet sich im wesentlichen von den im CFD-Bereich meist verwendeten

FD/FV/FE-Methoden darin, dass sich das Rechengebiet durch ein Ensemble (N) *stochastischer Partikel* diskretisieren lässt, die sich mit einer Masse $m^{(n)} = m_{ges}/N$ und gewissen Eigenschaften wie Geschwindigkeit $U^{(n)}$ und chemische Zusammensetzung $\phi^{(n)}$ durch das Rechengebiet bewegen und dabei Ihre Eigenschaften entsprechend einem stochastischen Differentialgleichungssystem ändern. Das Ensemble der stochastischen Partikel repräsentiert hierbei die PDF.
Eine detailliertere Beschreibung dieses Thema's liefern die Literaturstellen [Pop81, Dop79, Dop94].

2.2.2 Methode der intrinischen niedrig-dimensionalen Mannigfaltigkeiten (ILDM)

Mit Hilfe des Prinzips der intrinsischen niedrig-dimensionalen Mannigfaltigkeiten wird die Berechnung der Verbrennungschemie bei turbulenten Prozessen bedeutend vereinfacht [MP92b, MP92a]. Die komplexe Verbrennungschemie wird durch sie auf ein Minimum von Teilprozessen reduziert, die nur die 2-4 "langsamsten" chemischen Prozesse berücksichtigt. Diese spannen einen Unterraum des Zustandsraums auf, auf welchen die schnellen chemischen Prozesse relaxieren. Die gesamte chemische Kinetik kann damit anhand weniger sog. *Reaktionsfortschrittsvariablen* als Bewegung in diesem Unterraum (ILDM) beschrieben werden. Rechnerisch müssen deshalb nur noch wenige Differentialgleichungen mit geringer Steifigkeit gelöst werden, die die Dynamik in diesen Unterraum beschreiben. Diese wird in Tabellen hinterlegt und anhand der Reaktionsforschrittsvariablen parametrisiert.
Im Rahmen dieser Arbeit wurde die Kinetik des Methan-Luft Systems mit 34 Spezies und ungefähr 300 Reaktionen auf die Beschreibung durch 3 Variablen (Mischungsbruch und Massenbrüche von CO_2 und H_2O) reduziert. Nach der Methode der ILDM vereinfacht sich dadurch die komplexe Reaktionskinetik von einem 34-dimensionalen Zustandsraum auf einen Unterraum mit nur drei Dimensionen. Die chemischen Prozesse des Verbrennungssystems finden auf der 3-dimensionalen ILDM (Gitter) statt und lassen sich allesamt durch die 3 Variablen CO_2, H_2O und Mischungsbruch beschreiben; ihr Reaktionsverlauf zeichnet sich als Trajektorie auf dem Gitter ab. Der Mischungsbruch als dritte Koordinate stellt lediglich die unterschiedliche Elementzusammensetzung dar und kann sich in seiner Eigenschaft durch chemische Reaktionen nicht verändern.

2.2.3 Hybrides Verfahren

Ein Gesamtüberblick über das verwendete mathematische Modell ist in Abb. 4 zu sehen. Die Bestimmung des mittleren Druckgradienten stützt sich auf die Berechnung strömungstechnischer Grössen durch Lösen der Reynolds-gemittelten Erhaltungsgleichungen für das Geschwindigkeitsfeld (CFD-Ansatz). Im *hybriden Verfahren* [Nau97] lassen sich dadurch einfach und effizient das mittlere Druckfeld $\langle p \rangle$ und die turbulente Frequenz ω als Input-Parameter für das stochastische Partikelsystem zur Lösung der PDF-Transportgleichung bestimmen. Mit dem ILDM-Verfahren erhält man für jedes Partikel den Reaktionsfortschritt und ihre Dichte, sodass über die PDF ein mittleres Dichtefeld $\langle\rho\rangle$ errechnet werden kann. Mit dem mittleren Dichtefeld wird die Iteration im CFD-Teil erneut initiiert. Dieser Prozess wird solange fortgesetzt, bis sich zwischen CFD- und PDF-Teil eine statistisch stationäre Lösung des Systems eingestellt hat. In diesem Fall erhält man als Ergebnis die turbulente kinetische Energie k, die Dissipationsrate ϵ, die Geschwindigkeit u und den partiellen Druck p sowie die Temperatur T, die Dichte ρ und das skalare Feld Φ jeweils in Abhängigkeit vom Ort x.

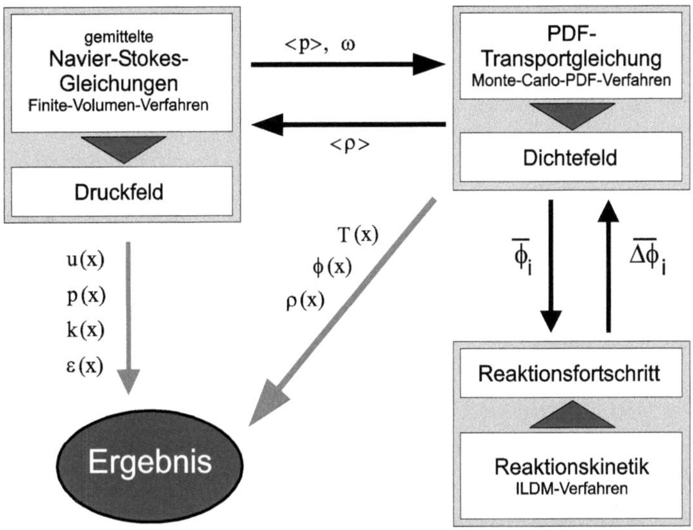

Abb. 4: Schematische Datstellung des Gesamtkonzepts zur mathematischen Modellierung turbulenter Verbrennungssysteme nach dem hybriden PDF-CFD-Ansatz und der Methode der ILDM.

2.3 Laser-Spektroskopie

Aus experimenteller Sicht lassen sich statistische Prozesse durch hinreichend viele, voneinander unabhängige Einzelaufnahmen nachstellen. Die Bedingung der Unabhängigkeit ist dann erfüllt, wenn der Zeitraum zwischen den Einzelaufnahmen die langsamste turbulente Zeitskala übersteigt [WMD01]. Die Laserspektroskopie bietet eine wertvolle und moderne Messmethode, die immer tiefere und weitreichendere Einblicke in Geschehnisse erlaubt, die mit herkömmlichen Methoden unerreichbar sind. Hohe Auflösungen in Ort (Mikrometer-Bereiche) und Zeit (Femtosekunden) lassen durch die Anwendung von hochenergetischen Laserlicht komplexe Vorgänge

auf atomarer oder molekularer Ebene unter Anwendung hochentwickelter Technik erreichen. Die Grundlage der Laserspektroskopie bildet das scheinbar 'berührungslose' Wechselspiel zwischen Lichtwelle und Materie, indem Lichtwellen mit dem zu untersuchenden Materieteilchen in Wechselwirkung treten. In Form von Absorptions- oder Emissionsspektren lassen sich durch energetische Betrachtung so eine Vielfalt von Informationen gewinnen, die in vielerlei Hinsicht Aufschluss über das Materieteilchen geben [Dem91].
Die vorliegenden Arbeit bedient sich primär der Laserspektroskopie an Molekülen in der Gasphase, die mit dem Raman-Effekt untersucht werden. Moleküle weisen im Vergleich zu Atomen weitere Freiheitsgrade auf, nämlich die der Schwingung und der Rotation [HH94]. Diese zusätzlichen Freiheitsgrade bieten für viele Laser-Spektroskopiearten die Grundlage zur Detektion von Molekülen, da Schwingungen und Rotationen molekülspezifisch in ganz bestimmten Moden vorkommen. Jede mögliche Mode stellt einen wohldefinierten Energiezustand dar. Wird ein Molekül mit einer monochromatischen Lichtquelle (Laserlicht) bestrahlt, so findet in Folge einer Wechselwirkung eine *Streuung* des Lichts am Molekül statt. Die Streustrahlung liefert je nach Aufwand und Auflösung des Detektionssystems Auskunft über Art des Moleküls bis hin zu Struktur und Bindung im Molekül.
Der Streumechanismus von Lichtwellen an Materieteilchen hängt im wesentlichen vom Verhältnis der Wellenlänge des Lichtes zur Grösse des Streuobjekts (Moleküls) ab. In einem Vergleich von Laserwellenlänge λ_{L} mit der Grösse des Moleküls λ_{M} (charakteristischen Länge) unterteilt man die Streueffekte in [Eck96]

- $\lambda_{\mathrm{M}} \leq \lambda_{\mathrm{L}}$
  - elastische Streuung $\longrightarrow$ Rayleigh-Streuung
  - inelastische Streuung $\longrightarrow$ Raman-Streuung
- $\lambda_{\mathrm{M}} > \lambda_{\mathrm{L}}$
  - elastische Streuung $\longrightarrow$ Mie-Streuung.

Ein entscheidender Vorteil dieser Streuverfahren ist die Unabhängigkeit der verwendeten Laserlichtwellenlänge. Sie finden im folgenden Betrachtung und werden anhand der durchgeführten Experimente beispielhaft dargestellt.
Spektroskopiemethoden, die von der Wellenlänge des Laserlichts abhängig sind, werden in dieser Arbeit nicht weiter erläutert. Für mehr Informationen darüber sei auf die Literatur [Eck96] verwiesen.

2.3.1 Der Raman-Effekt

Treten Moleküle mit monochromatischem Laserlicht der Frequenz ν_{L} in Wechselwirkung, induziert der elektrische Feldvektor $\vec{E}$ des Laserlichts, welches seinerseits durch eine Schwingungsebene ausgezeichnet ist, ein Dipolmoment $\vec{p}$ in die Elektronenhülle des Moleküls, so dass gilt [HH94, Eck96]

$$\vec{\mu}(t) = \alpha\, \vec{E}_0 \cdot \cos\, (2\pi\nu_L t)\ . \tag{12}$$

α ist die Polarisierbarkeit des Moleküls und ein Tensor 2. Stufe. Die Elektronenhülle des Moleküls schwingt in diesem Fall mit der Frequenz des Lichts und strahlt seinerseits als Hertzscher Oszillator gleichartiges Licht aus, so dass zwischen Streustrahlung und einfliessendem Lichtfeld eine kohärente Beziehung besteht (*Rayleigh-Streuung*).

Berücksichtigt man die Eigenfrequenz ν_{vib} der Atome im Molekül um seine Gleichgewichtslage, resultiert eine Überlagerung der Molekül-Eigenschwingung mit der induzierten Schwingung der Elektronenhülle. Die Polarisierbarkeit α ist dann eine Funktion des zeitlich veränderlichen Abstands $R = R(t)$ der schwingenden Atomkerne. Unter Einbezug der Eigenschwingung in Glg. (12), erhält man durch trigonometrische Umformung den komplexen Ausdruck für das induzierte Dipolmoment [HH94]

$$\begin{aligned} \vec{\mu}(t) &= P_1 + P_2 \quad \text{mit} \\ P_1 &= \alpha(R_0)\,\vec{E}_0 \cos(2\pi\nu_L t) \quad \text{und} \\ P_2 &= \frac{1}{2}\left(\frac{d\alpha}{dR}\right)\vec{E}_0 \cdot q\left[\cos(2\pi(\nu_L + \nu_{vib})t) + \cos(2\pi(\nu_L - \nu_{vib})t)\right], \end{aligned} \tag{13}$$

der den *Schwingungs-Raman-Effekt* 1.Ordnung darstellt und sich aus den Termen P_1 und P_2 zusammensetzt. Der frequenzunverschobene Teil P_1 aus Glg. (13) entspricht dem molekülfrequenzunabhängigen Teil der Raman-Streuung und beschreibt die Oszillation der Elektronenhülle mit der vom Laserlicht induzierten Frequenz ν_{L} um die Gleichgewichtslage R_0 des Moleküls; den zugrunde liegenden Streumechanismus bezeichnet man als *Rayleigh-Streuung*. P_2 aus Glg. (13) hingegen beschreibt den unter dem Einfluss der Molekül-Eigenschwingung ν_{vib} frequenzverschobenen Teil der Strahlung, deren Streulicht im Vergleich zur Rayleigh-Strahlung mit dem Laser-Lichtfeld modeliert ist. Diese frequenzabhängige Verschiebung, die sich aus klassischer Sicht als Superposition aus den Schwingungsquellen der induzierten Schwingung der Elektronenhülle und der Molekülschwingung wie $\cos(2\pi(\nu_L \pm \nu_{vib})\,t)$ zusammensetzt, wird als *unelastische Raman-Streuung* bezeichnet. Indem die Frequenz ν mit dem Planckschen Wirkungsquantum h nach

$$E = h \cdot \nu \tag{14}$$

in Beziehung gesetzt wird, lassen sich die frequenzabhängigen Verschiebungen im weiteren aus Sicht der Energie betrachten. Die Verschiebungen (relativ zur Rayleigh-Linie) zu höheren Energien $(\nu_L + \nu_{vib})$ nennt man die *Antistokes-Linien* der Raman-Streulinien, während die *Stokes-Linien* zu niedrigeren Energien $(\nu_L - \nu_{vib})$ hin verschoben sind. Da sich die Energieniveaus (in Abhängigkeit der Quantenzahl v) der Moleküle mit unterschiedlicher Elementzusammensetzung (z.B. CO_2, N_2, usf.) nicht gleichen, also $\Delta E_{\text{CO}_2} \neq \Delta E_{\text{N}_2}$ ist (siehe dazu Abb. 5), birgt die Raman-Spektroskopie den Vorteil, dass eine Raman - Spektrallinie genau einer Molekülgruppe zugeordnet werden kann. In einem komplexen Emissionsspektrum lassen sich aufgrund der molekülspezifischen Verschiebungen im Umkehrschluss auch unbekannte Molekülverbindungen im Kontrollvolumen identifizieren.
Eine Raman-Streuung ist aber nur dann möglich, wenn gilt

$$\frac{d\alpha}{dR} \neq 0\,. \tag{15}$$

Dies ist bei homo- oder heteronuklearen zweiatomigen Molekülen immer der Fall. Mehratomige Moleküle zeichnen sich mit zunehmender Atomzahl durch immer komplexere Schwingungsmoden aus. Es existiert dann aber mindestens eine Schwingungsmode, die Raman-aktiv ist und die die Bedingung von Glg. (15) erfüllt [Sun99]. Die Frage, welche der Ramanlinien (Stokes-, bzw. Antistokes) für die Ramanspektroskopie verwendet werden, klärt eine Betrachtung der Linienintensitäten. Stokes- und Antistokes-Linien unterscheiden sich durch unterschiedlich stark ausgeprägte Intensitäten, die sich aus quantenmechanischer Sicht aus der Energiezustandsverteilung für Schwingungsniveaus ableiten lassen (Abb. 5). Das Verhältnis der Intensitäten von Anti-Stokes- zu Stokes-übergängen wird im thermischen Gleichgewicht nach der Boltzmann-Statistik

$$\frac{I_{\text{Antistokes}}}{I_{\text{Stokes}}} = \exp\left(-\frac{h \cdot \nu_{vib}}{k \cdot T}\right) = \frac{n(v=1)}{n(v=0)} \tag{16}$$

wiedergegeben, wobei h das Plancksche Wirkungsquantum, k die Boltzmann-Konstante, T die absolute Temperatur und ν_{vib} die Grundschwindung eines Moleküls ist. Sie ist gleichzusetzen mit dem Verhältnis der Besetzungswahrscheinlichkeit n von angeregtem Zustand ($v = 1$) zum Grundzustand ($v = 0$). Hieraus wird ersichtlich, dass bei niedrigen Temperaturen die Stokes-Linien stärker sind als die Antistokes-Linien. Diese Tatsache begründet sich darin, dass bei niedrigen Temperaturen überwiegend der unterste vibratorische Energiezustand E_{vib} mit

$$E_{\text{vib}} = h\,\nu_{\text{vib}} \left(v + \frac{1}{2}\right) \quad \text{und} \quad v = 0, 1, 2, ... \tag{17}$$

besetzt wird (v ist die Schwingungsquantenzahl). In unteren Temperaturbereichen und bei energetischer Anregung eines Moleküls finden daher vorwiegend Übergänge aus dem Grundzustand (v=0) statt, die über das virtuelle Niveau in ein höher gelegenen Energiezustand (v=1) enden (Stokes-Linie). Stokes- und Rayleigh-Effekte sind daher "wahrscheinlicher" als Antistokes-Übergänge, da ihnen ein bereits angeregter Ausgangszustand zugrunde liegt [HH94, Nol94].
Aus diesem Wirkungsmechanismus ergeben sich zwei entscheidende Vorteile für die Raman-spektroskopische Detektion:

- Das Schwingungsniveau einer Molekülgruppe gleicht keinem Schwingungsniveau einer anderen Molekülgruppe, sodass mit der Ramanspektroskopie eine Vielzahl an Molekülen simultan detektiert werden kann.
- Beim Raman-Effekt erfolgt der Streuprozess über ein virtuelles Niveau (im Gegensatz zur Laser-induzierten Fluoreszenz, in welchem der angeregte Zustand klar definiert ist [Eck96]). Folglich kann für ein ramanspektroskopisches Verfahren jede Laserwellenlänge verwendet werden, sofern die Anregungslinie des Lasers nicht mit einem molekularen Energiezustand "zufällig" kollidiert.

In Analogie zu den Schwingungs-Raman-Verschiebungen treten auch Rotations-Raman-Verschiebungen auf. Ihre Energieverschiebungen sind im Vergleich zu den der Schwingungen wesentlich kleiner und daher nur schwer detektierbar; sie werden im folgenden auch weiter nicht betrachtet.

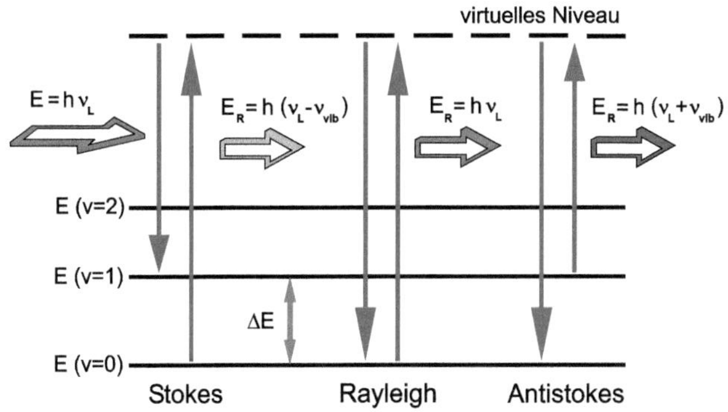

Abb. 5: Schematische Darstellung der Stokes- und Anti-Stokes-Linien des Raman-Effekts aus quantenmechanischer Sicht. Laserlicht ($E = h \cdot \nu_L$) wechselwirkt mit einem Molekül, indem es über ein virtuelles Energieniveau gestreut wird. Je nach Ausgangs-, bzw. Endzustand des Moleküls, handelt es sich um einen Stokes- oder Anti-Stokes-Raman-Effekt. Sind Ausgangs- und Endzustand identisch, liegt Rayleigh-Streuung vor. Die Energiezustände E weisen sich durch die Schwingungsquantenzahlen v aus.

2.3.2 Raman-Streuintensität

Die Bestimmung von Temperatur und den Konzentrationen der Spezies verlangt zunächst eine Betrachtung der Intensitäten der Raman-Streuung. Die Raman-Streuintensität $I_{\mathrm{det,\,i}}$ der Spezies i ist nach [Eck96] gegeben durch die Beziehung

$$I_{\mathrm{det,\,i}} = I_0\, n_{\mathrm{i}} \left(\frac{\partial \sigma}{\partial \Omega}\right)_{\mathrm{i,T}} \epsilon_{\mathrm{eff.}} \,. \tag{18}$$

n_{i} gibt hier die Teilchenzahl für eine der Spezies i im Messvolumen wieder, und in $\epsilon_{\mathrm{eff.}}$, der Abbildungseffizienz, sind die Transmission und Sammeleffizienz der Optik, Quantenausbeute der ICCD-Kamera und Geometriefaktoren zusammengefasst. Aus Glg. (18) ist ersichtlich, dass die Raman-Streuung wesentlich durch die eingestrahlte Laseriensität I_0 und dem differentiellen Wirkungsquerschnitt $\left(\frac{\partial \sigma}{\partial \Omega}\right)_{\mathrm{i,T}}$ der Spezies i bei einer Temperatur T abhängt. Im weiteren gilt für den differentiellen Wirkungsquerschnitt die Abhängigkeit [Hec01]

$$\left(\frac{\partial \sigma}{\partial \Omega}\right)_{\mathrm{i,T}} \sim \lambda_{\mathrm{L}}^{-4}, \tag{19}$$

dem reziproken Wert der eingestrahlten Wellenlänge λ_{L} des Lichts in vierter Potenz. Aus diesem Zusammenhang ergeben sich vornehmlich zwei Kriterien für eine Maximierung des von Natur aus schwachen Raman-Signals ($I_{\mathrm{Raman}}/I_{\mathrm{Rayleigh}} \approx 10^{-4}$), die

man durch geeignete Wahl des Laserlichts, d.h. eine möglichst kleine Wellenlänge des Laserlichts λ_L bei hoher Ausgangsleistung I_0, erreichen kann.
Differentieller Wirkungsquerschnitt und Abbildungseffizienz sind zwei Grössen, die sich bei bekannter eingestrahlter Laserintensität I_0 und definierten Teilchenzahlen n_i im Messvolumen im Rahmen von Kalibrierungsmessungen bestimmen lassen (siehe Kap. 3.2.1).
Die Intensität einer Raman-Linie ist gegeben durch die Signalfläche, die dem Flächeninhalt unterhalb einer Spektrallinie entspricht, sodass sich die Raman-Streuintensitäten direkt aus den detektierten Spektrallinien gewinnen lassen [Ste02].

2.3.3 Mie-Streuung

Die elastische Streuung von Licht mit der Wellenlänge λ_L an einem Objekt mit der Grösse λ_M, welches die Bedingung $\lambda_M > \lambda_L$ erfüllt, bezeichnet man als *Mie-Streuung* [Mie08] (vgl. Kap. 2.3), die mit zunehmend kleiner werdenen Partikelgrösse in die Rayleigh-Streuung übergeht; die Rayleigh-Streuung wird so gesehen zu einem Grenzfall der Mie-Streuung [Hec01, Eck96]. Bezogen auf homogene und sphärische Partikel (z.B. monodisperse Tröpfchen) vollzieht sich dieser Streuungsmechanismus durch Reflexion, respektive Brechung der einfallenden linear polarisierten Wellenfront bei Eintritt in ein homogenes Medium mit dem Brechungsindex m an der Grenzschicht desselben zur Umgebung [GK86]. Die Folge dieses Streuungsszenario ist ein Interferenzbild mit äquidistanten Intensitätsmaxima und -minima in sphärischer (2π-) Anordnung um das Partikel (Tröpfchen).
Anhand dieser Gesetzmässigkeit lassen sich optische Messungen an Tröpfchen zur Bestimmung von Tropfendurchmesser sowie -abstand hochauflösend in dynamischen Prozessen wie an einem monodispersen Tropfenjet anwenden, wie es schematisch in Abb. 6 dargestellt ist:

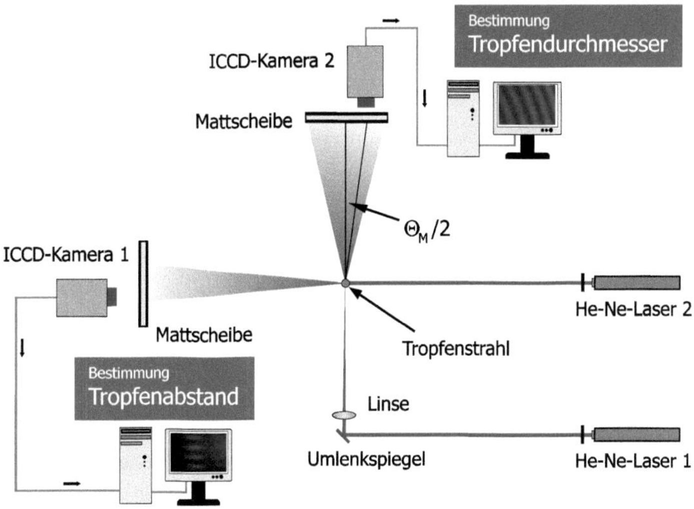

Abb. 6: Testaufbau zur Bestimmung der Tröpfchendurchmesser und der Tröpfchenabstände.

Ein transparenter und monodisperser Tropfenjet wird mit monochromatischem Licht über eine Linse bestrahlt, deren Brennpunkt im Tropfenstrahl liegt (Strahlführung des He-Ne-Lasers 1 in Abb. 6). Der Abstand $\Delta\Theta$ der konzentrischen Intensitätsmaxima im Beugungsbild (Abb. 7 links) steht in direkter Beziehung zum Tropfendurchmesser d_T, der sich mit den vorhandenen parametrischen Grössen nach [ARF91] errechnet wie

$$\Delta\Theta = \frac{2\,\lambda_\mathrm{L}}{d_\mathrm{T}\left(\cos\left(\Theta_\mathrm{M}/2\right)\frac{m\sin(\Theta_\mathrm{M}/2)}{[1+m^2-2\,m\cos\left(\Theta_\mathrm{M}/2\right)]^{1/2}}\right)} \quad , \tag{20}$$

wenn mit Θ_M der Beobachtungswinkel bekannt ist. Das zur Tropfengrösse bestimmende Messverfahren bezeichnet man als *Interferometric Laser Imaging for Droplet Sizing*. Hierdurch lassen sich In Situ Messungen zur Bestimmung von Tropfendurchmessern, deren Grösse im Mikrometer-Bereich liegen, berührungslos durchführen und im Vergleich zu herkömmlichen Messmethoden von der absoluten Intensitätsverteilung der Maxima unabhängig sind.

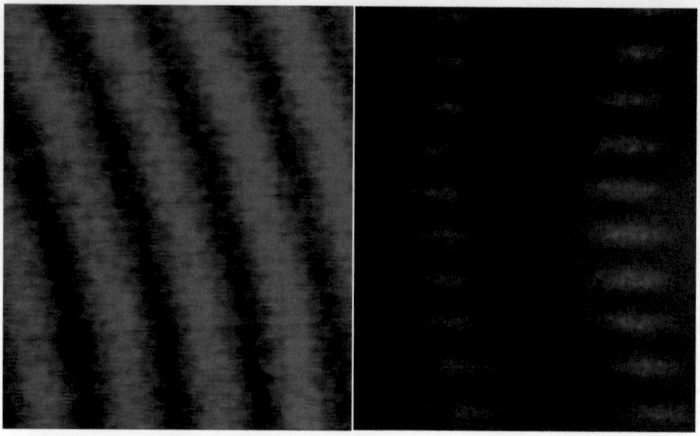

Abb. 7: Beugungserscheinungen am Tropfenjet zur Bestimmung des Tropfendurchmessers (links) sowie des Tropfenabstandes (rechts).

Eine weitere wichtige Grösse, die sich mit Hilfe der Mie-Streuung bestimmen lässt, ist der Tropfenabstand. Die experimentelle Bestimmung von Tropfenabstand im Jet beruht auf dem Prinzip der Fraunhofer-Beugung von Licht an einem optischen Gitter (Strahlführung des He-Ne-Lasers 2 in Abb. 6). Als Gitter betrachten wir einen homogenen monodispersen Tropfenstrahl, der aus identischen Spalten mit gleicher Breite s_{T} (Tropfenabstand) angeordnet ist [Kne94]. Bei senkrechtem Einfall von Licht auf einen genügend grossen Abschnitt des Tropfenjets resultiert ein Beugungsbild mit Hauptmaxima der Form

$$\sin \Phi_{\mathrm{N}} = N \frac{\lambda_{\mathrm{L}}}{s_{\mathrm{T}}}, \tag{21}$$

mit Φ_{N}, dem Beugungswinkel der N-ten Beugungsordnung, und λ_{L}, der Laser-Wellenlänge. Die Tropfenbewegung geht in die Berechnung der Hauptmaxima in dessen Imaginärteil ein, so dass das (reelle) Beugungsbild visuell stehend erscheint. Auch in diesem Fall der Tropfenabstandmessung ist lediglich der relative Abstand der Maxima zueinander massgeblich ohne Berücksichtigung der absoluten Intensität der einzelnen Hauptmaxima (vgl. Abb. 7 rechts). Die Berechnung der gewünschten Messgrössen Tropfenabstand, bzw. ~durchmesser benötigen noch experimentelle Hilfsgrössen, die in Kap. 4.2 anhand der Messeinrichtung erläutert und in die hier beschriebene Theorie integriert werden.

2.4 Tröpfchendynamik

Detaillierte Beschreibungen eines Zwei-Phasen-Systems in der Verbrennung erfordern genaue Kenntnisse der beteiligten Reaktanden in Quantität und Geometrie, ausgedrückt in ihren Betriebsparametern. In technischen Applikationen ist es daher essentiell, die erweiterten Einflüsse zu dem beschriebenen Ein-Phasen-System (siehe Kap. 2.1 und 2.1.1) durch Tröpfchen in hoher Gleichförmigkeit bei konstanten geometrischen Grössen zu generieren und zu beschreiben [HU99].

2.4.1 Strahlzerfall

Die definierte Tropfenbildung von Flüssigkeiten über zylindrische Düsenlöcher ist in der Technik ein häufig angewandter Mechanismus. Die dabei auftretenden Prozesse, die beim Austritt der Flüssigkeit durch ein Düsenloch entstehen und von den Betriebsparametern wie Relativgeschwindigkeit v_{rel} und Art der Flüssigkeit abhängen, bewirken einen differenzierten Zerfall des Flüssigkeitsstrahls. Die Zerfallsart einer Flüssigkeit lässt sich prinzipiell in verschiedene Regimes einteilen [AF00]

- Rayleigh
- 1. aerodynamisch bewirktes Regime
- 2. aerodynamisch bewirktes Regime
- Atomisierung.

Ihre Entstehung wird im allgemeinen durch die Kenngrössen *Weber*-Zahl, *Ohnsorge*-Zahl, bzw. Reynoldszahl (siehe Kap. 2.1.1) charakterisiert.
Die Weber-Zahl We gibt das Verhältnis der angreifenden aerodynamischen Kräften zu den Oberflächenspannungskräften an und wird in Abhängigkeit des Strahldurchmessers D, der Dichte des umgebenden Gases ρ_{G} und der Oberflächenspannung σ_{L} beschrieben mit

$$We = \frac{v_{\text{rel}}^2 \cdot D \cdot \rho_{\text{G}}}{\sigma_{\text{L}}} \,. \tag{22}$$

Aus Viskosität μ_{L} und Oberflächenspannung σ_{L} errechnet sich die dimensionslose Ohnesorge-Zahl Oh zu

$$Oh = \frac{\mu_{\text{L}}}{\sqrt{\sigma_{\text{L}} \cdot \rho_{\text{L}} \cdot D}} \,, \tag{23}$$

die aufgetragen über die Weber-Zahl eine Darstellung der einzelnen Zerfallregimes erlaubt (Abb. 8).

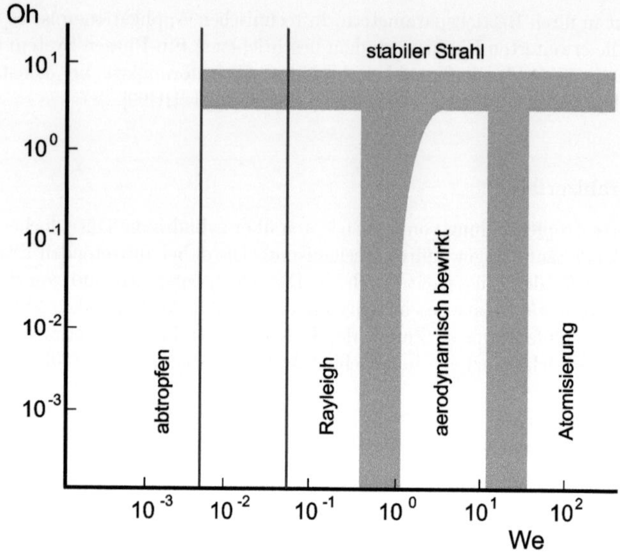

Abb. 8: Einteilung des Strahlzerfalls in einzelne Bereiche (*Ohnesorge*-Diagramm).

Unter Berücksichtigung von Glg. (22) lässt sich aus dem *Ohnesorge*-Diagramm ableiten, dass die einzelnen Zerfallsarten in Abhängigkeit zur Weber-Zahl, bzw. zur Relativgeschwindigkeit v_{rel}^2 der Flüssigkeit zum umgebenden Gas stehen. Im Fall einer Generierung homogener monodisperser Tropfen, wie sie in der vorliegenden Arbeit angewandt wurde, ist die prinzipielle Machbarkeit dann gegeben, wenn die Weber-Zahl einen kritischen Wert erreicht hat und sie sich im Rayleigh-Regime $10^{-1} < We < 10^{0}$ befindet. Anders formuliert ist die Vorraussetzung für eine Tropfenbildung eine laminare Strömung des Flüssigkeitsstrahls [Ray78].
Für ein tieferes Verständnis des Strahlzerfalls sei auf die Literaturstellen [Sch03, AF00, Maa03] verwiesen.

2.4.2 Generierung von Einzeltröpfchen

Monodisperse und sphärisch gleichartige, nicht miteinander wechselwirkende Mikrotröpfchen lassen sich vorzugsweise durch einen Tropfengenerator herstellen. Die benötigten Grössen, die im weiteren von Interesse für Verbrennungsvorgänge sind, reduzieren sich neben der eingesetzten Flüssigkeit auf die geometrischen Grössen wie den Tropfenabstand s_{T} und Tropfendurchmesser d_{T} [Swi91, GK86, ARF91, PL00, KHH91, HU01, RAF91].
Ein Flüssigkeitsjet zerfällt spontan aufgrund seiner Instabilität in Tröpfchen, sobald die Flüssigkeit eine Ausflussöffnung (Lochblende) durchwandert hat (Kap. 2.4.1).

Durch mechanische Störeinwirkungen mittels periodischer Schallwellen, die von Piezokeramik-Scheiben erzeugt und auf die Flüssigkeitssäule ausgeübt werden, wird die Flüssigkeit durch die Lochblende gedrückt und der Flüssigkeitsstrahl zerfällt axialsymmetrisch kontrolliert mit der Anregungsfrequenz f_G und dem Volumenstrom der Flüssigkeit $\dot{V}$ [MT94] in monodisperse Tröpfchen mit dem Durchmesser $\mathrm{d_T}$ nach

$$d_\mathrm{T} = \left(\frac{6\,\dot{V}}{\pi f_G}\right)^{1/3} . \tag{24}$$

Aus Glg. (24) ist ersichtlich, dass der Tröpfchendurchmesser bei gleichbleibender Austrittsöffnung primär eine Funktion der Frequenz und des Volumenstroms ist und in der Arbeit von [Leo04] auf unsere Bedürfnisse hin untersucht und abgestimmt wurde. Auf der Grundlage des Blendendurchmessers d_B erlaubt sich vorab eine grobe Abschätzung des Tröpfchendurchmessers wie [GK86]

$$d_\mathrm{T} \approx 1.9\, d_\mathrm{B} \tag{25}$$

Eine theoretische Beschreibung des Tropfenabstandes s_T, die sich auf die Grundlage der Tropfengenerierung nach der Rayleigh-Instabilität stützt, lässt sich mit der Tropfengeschwindigkeit v_T approximativ angeben wie

$$s_\mathrm{T} \approx v_\mathrm{T}/f_\mathrm{G}, \tag{26}$$

eine exakte Formulierung liegt nicht vor. In der Arbeit von [Leo04] hat sich in den Testmessungen gezeigt, dass der Tropfenabstand zum Teil empfindliche Reaktionen bezüglich Spannungspulsen (Pulsdauer, Pulsform), dem Volumenstrom und der Austrittsöffnung (Grösse, Beschaffenheit) aufzeigt. Weitere Messungen, die eine genauere Definition des Tropfenabstandes auf den parametrischen Basisgrössen zulässt, sind im Rahmen dieser Studienarbeit aus zeitlichen Gründen nicht durchgeführt worden.

2.4.3 Verbrennung eines Zwei - Phasen - Systems

Die Verbrennung eines Zweiphasensystems gestaltet sich im allgemeinen viel komplexer als die eines Einphasensystems, welches in Kap. 2.1 beschrieben ist. Der wesentliche Unterschied besteht darin, dass die zusätzliche Brennstoffflüssigkeit Ehtanol notwenig in die Gasphase übergehen muss, bevor er am Verbrennungsprozess berücksichtigt werden kann (siehe Glg. (2)) [Maa99]. Je nach Dampfdruck der Flüssigkeit und der Tröpfchen-, bzw. Umgebungstemperatur ist jeder Flüssigkeitstropfen von einer mehr oder minder ausgeprägten Dampfschicht umgeben, von wo aus die Moleküle in die Gasphase gelangen und ein brennbares Gasgemisch bilden können.
Bei der Verbrennung von Tröpfchen laufen folgende parallel zueinander ablaufende Prozesse statt:

- Aufheizphase
- Verdampfungsphase
- Verbrennungsphase.

In der *Aufheizphase* wird ein vergleichsweise kaltes Tröpfchen einer brennbaren Flüssigkeit in einer heissen Umgebung in Folge eines Temperaturgradienten aufgeheizt. Ein Wärmetransport im Tröpfchen führt dazu, dass die zunächst erwärmte Randschicht die Wärme ins Innere des Tröpfchens weitergeleitet wird. Die Folge des Wärmetransports ist die Ausbildung einer nahezu räumlich homogenen Temperaturverteilung im Tröpfchen. Ist der Dampfdruck der Flüssigkeit höher als der Massenbruch in der verdampften Flüssigkeitsphase, findet in weiterer Konsequenz ein Massenfluss $\dot{m}$ in radialer Richtung in die Dampfschicht des Tröpfchens statt (*Verdampfungsphase*). Mit dem Übergang in die Verdampfungsphase ändert sich der Tröpfchendurchmesser linear mit der Zeit nach dem $d^2 - Gesetz$ wie

$$d_{\mathrm{T}}^2(t) = d_{\mathrm{T}}(t_0)^2 - K \cdot (t - t_0) \ . \tag{27}$$

Hierbei sind $d_{\mathrm{T}}(t_0)$ Durchmesser des Tröpfchens zur Ausganszeit t_0, $d_{\mathrm{T}}(t)$ der Tropfendurchmesser zur Zeit t und K eine Konstante [AF00]. Von hier aus setzt der Übergang in die Gasphase ein, bedingt durch Diffusion, und bildet mit dem vorhandenen Oxidationsmittel ein brennbares Gemisch (*Verbrennungsphase*). Es erfolgt die Verbrennung um das Tröpfchen herum in Form von einer nicht-vorgemischten Flamme, wobei sich der Durchmesser $d_{\mathrm{T}}(t)$ weiterhin nach dem d^2-Gesetz ändert.

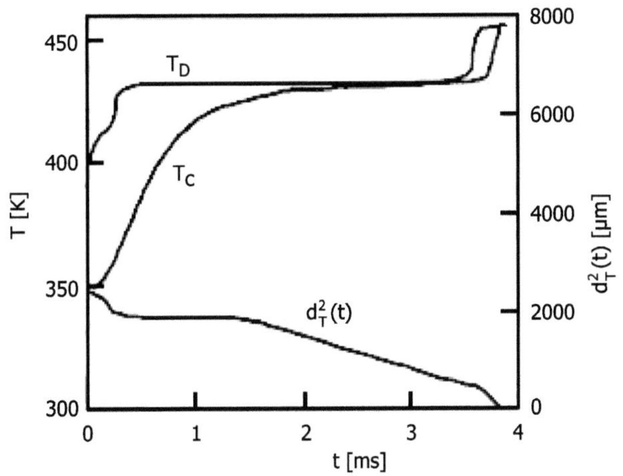

Abb. 9: Chariakteristischer Verlauf eines Verbrennungsprozesses an einem Methanoltropfen mit dem Durchmesser d. T_C ist die Temperatur im Tröpfchenmittelpunkt, T_D die Temperatur an der Tropfenoberfläche [Maa03].

In Abb. 9 sind die einzelnen Prozesse in einem zeitlichen Verlauf graphisch dargestellt. Mit zunehmender Temperatur an der Tröpfchenoberfläche T_D steigt durch den Wärmetransport die Temperatur im Tröpfchenmittelpunkt T_C mit zeitlichem Versatz. Gleichzeitig nimmt der Tropfendurchmessers $d_T^2(t)$ nach Glg. (27) ab. Nach einer Zeit von $t = 3.5\,s$ zündet das Gasgemisch des Tröpfchens und induziert einen steilen Anstieg der Temperatur T_C, bzw. T_D und erhöhter Abnahme des Tropfendurchmessers $d_T^2(t)$.
In dieser Arbeit wurde die Verbrennung von homogenen Tröpfchen in einer Tropfenkette untersucht. Als Brennstoff wurde Ethanol verwendet. Der charakteristische Verlauf der Verbrennung von Ethanoltröpfchen verläuft analog wie die an Methanoltröpfchen, da lediglich die geänderten Stoffeigenschaften des Brennstoffs, die in die Konstante K aus Glg. (27) einhergehen, einen modifizierten Verlauf in der Tröpfchenverbrennung hervorrufen.

3 Turbulente pilotstabilisierte Vormischflamme

Das Kernthema dieser Arbeit ist die Verbrennung von Kraftstofftröpfchen in einer turbulenten Vormischflamme. Dazu wurde die bestehende Anlage konzeptionell so umgestaltet, dass sich ein Tröpfchengenerator in den Brennerkopf implementieren liess, mit welchem definierte Kraftstofftröpfchen in eine turbulente Vormischflamme eingebracht werden konnten, ohne dabei das Haupströmungsfeld der Freistrahlflamme wesentlich zu verändern. Umgesetzt wurde diese Konzept durch eine Freistrahl-Vormischflamme, deren Stabilisierung durch eine ringförmige (laminare) Pilotflamme erfolgt, die den Freistrahlkanal umgibt. Im Mittelteil des Freistrahlkanals wurde ein Generatorsystem zur Erzeugung monodisperser Tröpfchen eingebaut. Diese Brenner - Tröpfchen - Konzeption fügt sich der Notwendigkeit, das Brenner-System im Ein- (reine Flamme) und Mehrphasenbetrieb (Flamme mit Tröpfchenzufuhr) betreiben zu können.
In einer Voruntersuchung wurde ein Tropfengeneratorsystem entwickelt und auf Funktionalität geprüft. Nachfolgende optische Messungen an verschiedenen Tropfenketten lieferten Tröpfchen-relevante Parameter wie Durchmesser und Tröpfchenabstand (siehe dazu die Studienarbeit von Leopold [Leo04]). Die Ergebnisse dieser Messreihe dienen als Bemessungsgrundlage für die Generierung homogener Tröpfchen im turbulenten Strömungsfeld. Dafür wurde der Tropfengenerator mit gleicher Funktionsweise in einem zweiten Schritt an den Brenner adaptiert und eingebaut (Kap. 4).

3.1 Experimenteller Aufbau und Durchführung

Der Realisierung einer wohldefinierten Tropfenverbrennung ging die Entwicklung eines geeigneten Brennerkopfes voraus, der die Integration eines Tropfengenerators inmitten der Freistahl-Strömung zulässt, ohne dabei das Haupströmungsfeld der Freistrahlflamme im wesentlichen zu verändern. Im weiteren wurde der Brennerkopf in Geometrie und gemäss den technischen Anforderungen an die bestehende Laser-Brenner-Anlage abgestimmt.
Der aus mehreren Edelstahl-Elementen bestehende Brenner (siehe Abb.(10)) weisst grundlegend vier ineinandergreifende Funktionen auf: Die Adaption des Brennerkörpers (1) an den Brennertopf für die Gaszuführung der Hauptflamme, die integrierte Wasserkühlung (2) zur Kühlung der oberen Trennkante zwischen Freistrahl- und Pilotflamme, die Halterungen (3) des Tropfengenerators, die gleichzeitig auch als Turbulenzgitter des Freistrahljets dienen sowie die Zuführung (4) des Methan-Luft-Gemisches für die laminare Pilotflamme. Eine nachfolgende Gas- Feinverteilung für die Pilotflamme, bestehend aus Feingittern und Glaskügelchen[1] (5) sorgt für eine homogene radialsymmetrische Gasverteilung entlang des Ringspaltes, um eine gleichmässige Entzündung des Freistrahljets zu gewährleisten.
Die Methan-Luft-Verhältnisse von Pilot- und Hauptflamme sind so gewählt, dass ei-

[1] Mit freundlichem Dank an die Firma Schäfer GmbH, die mir für Forschungszwecke die Glaskügelchen zur Verfügung gestellt hat.

ne möglichst stabile Freistrahlflamme bei schwacher Umgebungsluft (Coflow) und einem insgesamt mageren Äquivalenzverhältnis Φ gewährleistet ist. Die Turbulenz des Freistrahljets (Re = 33930) diente für die Wahl der Gasgemischzusammensetzung des Piloten als "aussere Zwangsbedingung", die mit $\Phi_{\text{Pilot}} = 1.15$ vergleichsweise fett im Vergleich zur Hauptflamme ($\Phi_{\text{Jet}} = 0.95$) gewählt werden musste.

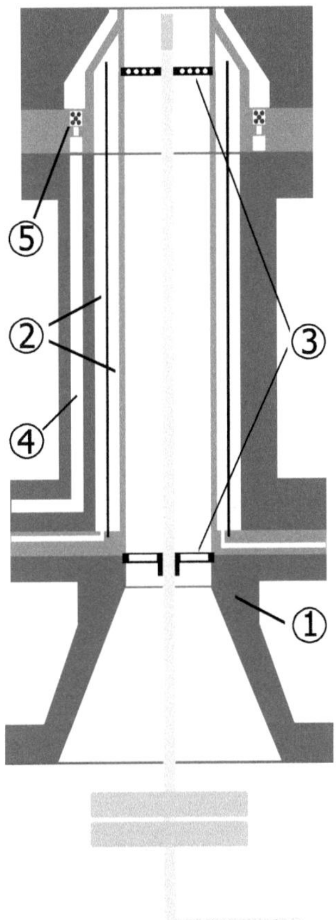

Abb. 10: Eine schematische Darstellung des pilot-stabilisierten Freistrahlbrenners im Längsschnitt: Das vorgemischte turbulente Frischgas der Freistrahlflamme ($\Phi_{\text{turb.}} = 0.95$) gelangt vom Brennertopf, auf dem der Brennerkopf montiert ist (1), über den Tropfengeneratorhalter und das Turbulenzgitter (3) zum Brennerkopf. Von hier aus entzündet eine laminare Pilotflamme ($\Phi_{\text{pilot}} = 1.15$) den Freistrahljet. Die Gaszufuhr für die Pilotflamme erfolgt seitlich über einen Kanal (4) und wird im oberen Teil des Brennerkopfes durch Ringgitter und Glaskügelchen (5) gleichmässig über die gesamte Ringfläche verteilt. Übermässige Erwärmungen im oberen Teil des Brenners werden durch eine integrierte Wasserkühlung (2) verhindert, die an Lötstellen und Dichtungsringen für den notwendigen Wärmeabtransport sorgt.

Zur Anregung des Raman-Streulichts in der Gasphase werden zwei frequenzverdoppelte Nd:YAG-Laser (Fa. Soliton, System 5022 DNS 10, $\lambda = 532\,\text{nm}$) mit einer Pulslänge von ca. 6 ns und einer nominellen Pulsenergie von 500 mJ, bzw. 550 mJ verwendet, die in einem zeitlichen Abstand von 50 ns von zwei Delaygeneratoren

(STANFORD DG535) angesteuert werden. Durch eine Pulsstreckung (Zeitverzögerungsstrecke) werden die Laserstrahlen zu einem Pulszug niedrigerer Leistungsdichte (aber nahezu gleichbleibender Gesamtenergie) gestreckt, um Funkenüberschläge durch Plasmabildung zu umgehen; die zeitliche Gesamtlänge des Einzelpulses erweitert sich dadurch auf $\approx 100\,\text{ns}$ [Ste02]. Mittels einer bikonvexen Linse ($f = 500\,\text{mm}$) werden die zeitverzögerten Strahlen auf die Mittelachse des Brenners mit Hilfe einer Lochblende ($\varnothing = 300\,\mu\text{m}$) fokussiert und ausgerichtet (siehe Abb. (11)). Um die Strahlungsausbeute der von Natur aus sehr schwachen Ramansignale zu erhöhen ($I_{\text{Rayleigh}}/I_{\text{Raman}} \approx 10^4$), werden die Laserstrahlen über Umlenkprismen nochmals in das Untersuchungsvolumen gelenkt und anschliessend in den Strahlfallen vollständig abgefangen. Die Strahlungsausbeute erhöht sich durch die Strahlführungsumlenkung um rund 1/3 der gesamten Signalstärke. Die aus dem Laser-bestrahlten Volumen emittierenden Ramansignale setzen sich aus verschiedenen Wellenlängen zusammen, sodass eine Bündelung der Ramansstrahlung nur durch ein achromatisches Linsen-System (*Achromat*), (LINOS, Öffnungsdurchmesser 210 mm, f = 4) erfolgen kann. Über ein Czerny-Turner Spektrometer (ARC, f = 4, f = 300 mm, Spaltöffnung $1000\,\mu\text{m}$, Gitter 600 Striche/mm), dem ein Schmalband - (Notch -) Filter zur Unterdrückung des Rayleighstreulichts vorgeschaltet ist, gelangt das Streulicht zu einer bildverstärkten CCD-Kamera (SI, 16 Bit Dynamik, 256 Pixelzeilen × 1024 Pixelspalten), die die Bildinformationen digital speichert. Die Länge des bestrahlten und abgebildeten Volumens am Brenner (d.h. in Richtung der Laserstrahlen) beträgt 3,2 mm und wird im wesentlichen bestimmt durch die Abbildungseigenschaften des Achromaten, der Chipgrösse und dem Hardware-Binning der Kamera. Zur Verbesserung des Signal-zu-Rausch-Verhältnisses (siehe Kap. 3.2.5) werden je 10 Bildzeilen bei voller Bildspalten-Länge zusammengefasst, woraus sich eine Einzelaufnahme aus 25 Zeilen (Ortskoordinate) und 1024 Spalten (Wellenlängekoordinate) zusammensetzt. In Ortsrichtung (Strahlrichtung) resultiert daraus insgesamt eine nominelle Auflösung von $128\,\mu\text{m}$. Senkrecht zur Laserstrahlrichtung ist die Ortsauflösung vorgegeben durch den Durchmesser der Lochblende, auf die die Laserstrahlen justiert werden (siehe oben), und durch Unsicherheiten in Justierung und Optik realistisch $\approx 400\,\mu\text{m}$ beträgt. Die Gesamt - Laserleistung, die am Detektionsort in der Flamme eingebracht wird, liegt mit 10 - 12 % unter der tatsächlichen Laserleistung. Der Grund für diese Strahlungsverluste wird den optischen Elementen wie Strahlteiler und Umlenkspiegel als auch einer suboptimal justierten Delay - Line (Dejustierung durch Wärmeausdehnung der optischen Halterungen) zugeschrieben. Unregelmässigkeiten in der Schuss–zu–Schuss–Laserleistung werden mit einer Photodiode (Laser Components, JE1) detektiert und über eine Routine in LabView (National Instruments, Version 5.0) aufgenommen.

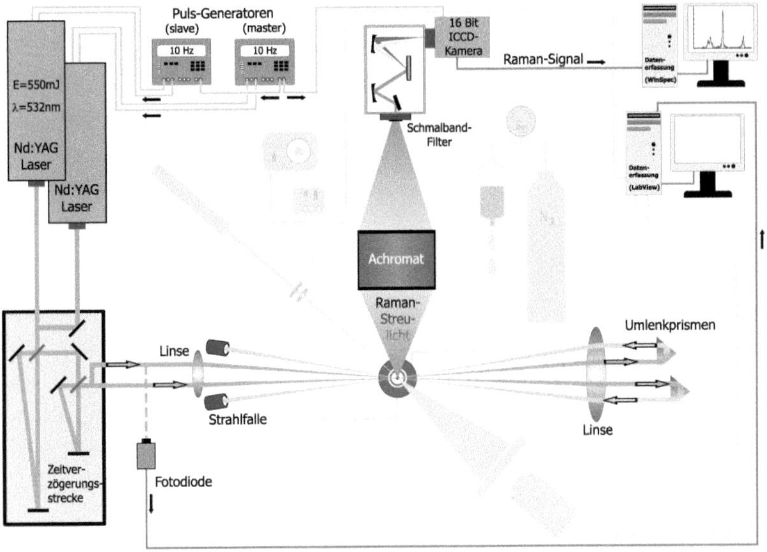

Abb. 11: Aufbau des Raman-Streu-Experiments: Für die Anregung der Moleküle sorgen zwei Laser, die von zwei Puls-Generatoren angesteuert werden. Über eine Zeitverzögerungsstrecke werden die zwei Laserstrahlen auf die Mittelachse des Brenners fokussiert, durch Retro-Prismen erneut in das Kontrollvolumen geschickt und anschliessend von Strahlfallen vollständig absorbiert. Die Raman-Streustrahlung gelangt über eine Bündelung durch das optische System und den Spektrographen in die ICCD-Kamera, von wo aus sie zu einem Rechner zur weiteren Bearbeitung gespeichert werden. Eine Fotodiode registriert Unregelmässigkeiten in der Laserenergie, diese digitalen Signale werden von einem zweiten Rechner gespeichert.

3.2 Datenerfassung und Auswertung

Die aufgenommenen Ramanspektren enthalten ortsaufgelöste Informationen über den thermochemischen Zustand im abgebildeten Volumen innerhalb der Flamme. Formal kann das Signal durch eine Bildmatrix $\mathbf{S} = (S_{nm})$ dargestellt werden, wobei der Index $n\,(n = 1, ..., 25)$ die Ortskoordinate und der Index $m\,(m = 1, ..., 1024)$ die optische Achse der Raman-Verschiebung darstellt. In Abb. (12) ist ein Ramanspektrum in Falschfarbendarstellung über Orts- und Frequenzkoordinaten in Kamerapixel (n, m) wiedergegeben.

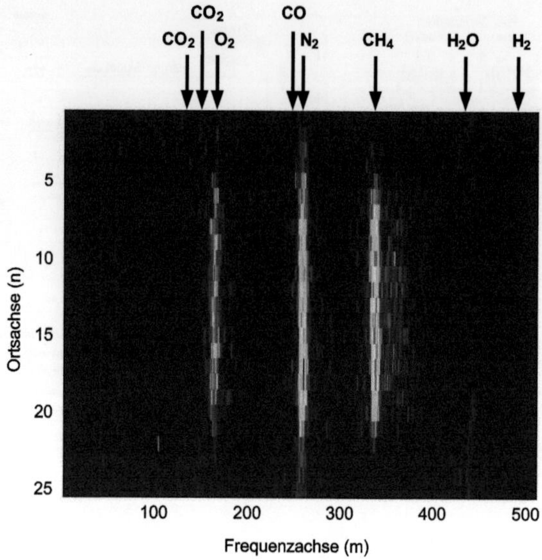

Abb. 12: Ramanspektrum (in Falschfarbendarstellung) S_{nm} im Einzelaufnahmemodus, aufgenommen an einer Flammenfront einer laminaren Flamme. Mittig der Ortsachse n ist der unverbrannte Frischgas-Bereich durch die deutlich hohe Signalintensität von N_2, O_2 und CH_4 zu sehen, die zu der oberen und unteren Kante hin in die verbrannte Zone übergehen. CO_2, CO, H_2 und H_2O sind wegen ihrer sehr geringen Signalintensität in dieser Darstellung nicht mehr zu erkennen.

S unterliegt einflussnehmenden Grössen, die in zustandsabhängige und zustandsunabhängige Parametern kategorisiert werden [Ruc03]:

- Parameter des experimentellen Aufbaus (Abbildungseffizienz und Transmission der Optik, Quantenausbeute der ICCD-Kamera, Leistung und Wellenlänge der Anregungslaserstrahlung), der unabhängig vom Zustand des Messobjekts ist und durch den experimentellen Parameter $\varepsilon(\lambda)$ hinreichend beschrieben wird.
- Wellenlänge des Ramanlichts λ.
- Zustandsvariablen (z.B. Druck p, Temperatur T, Molenbrüche x_i), die in das Ramansignal S_i [2] direkt eingehen.

[2] i = Anzahl der detektierten Spezies (CO_2, O_2, CO, N_2, CH_4, H_2O, H_2) in "spektroskopischer" Reihenfolge

Im wesentlichen hängt das Ramansignal S_i mit den Ortsprofilen der Molenbrüche x_i, dem Druck p sowie der Temperatur T zusammen und ist für die der Auswertung relevanten Signalflächen A_i wiedergegeben durch

$$A_i\left(\psi\left(T, p, x_\mathrm{i}\right), \lambda\right) = \varepsilon\left(\lambda\right) \frac{p}{RT} x_i \sigma_i = \eta_i \frac{\varepsilon\left(\lambda\right) x_i}{T}, \tag{28}$$

wobei $\psi = (x_i, T)$ der Zustandsvektor ist und η_i für den effektiven Wirkungsquerschnitt steht, der durch Kalibrierungsmessungen bestimmt und in Kap. 3.2.1 näher beschrieben wird. p ist der Umgebungsluftdruck und geht mit durchschnittlich 1015 mbar als Konstante in die Auswertung ein, da sich Druckschwankungen der einzelnen Messtage in der Auswertung eher marginal auswirken.
Die Ramanspektren werden durch die Division von Referenzspektren, die an Luft vorgenommen werden, korrigiert, um die Abbildungseffizienz ε nach Glg. (28) herauszurechnen

$$A_{i,\varepsilon}^{\mathrm{kal}} = \frac{A_i}{\varepsilon}. \tag{29}$$

Die für die numerische Lösung relevanten Gleichungen setzen sich zusammen aus Glg. (29) sowie der Normierungs-Bedingung

$$\sum_i x_i = 1 \tag{30}$$

zu einem vollständig bestimmten und nichtlinearen Gleichungssystem der Form

$$f(x_i, T) = \begin{pmatrix} \eta_i^{\mathrm{kal}} x_i - A_{i,\varepsilon}^{\mathrm{exp}} T \\ \sum_i x_i - 1 \end{pmatrix} = 0. \tag{31}$$

Die Lösung des nichtlinearen Gleichungssystems erfolgt nach der Methode von Newton-Kantorowitsch [KM93, uKAS79]. Dazu werden die Ramanspektren mit geschätzten Startwerten für Molenbruch (der Spezies i) und Temperatur mit $\psi_0 = (x_\mathrm{i}, T)$, die hinreichend nah an der Lösung liegen, ausgewertet nach

$$\psi_1 = \psi_0 - \frac{f(\psi_0)}{f'(\psi_0)} = \psi_0 - \left\{ \left[\frac{\partial f(x_i, T)}{\partial (x_i, T)} \right]^{-1} \cdot f(x_i, T) \right\} \tag{32}$$

$$\text{mit} \quad f'(\psi_0) = \frac{\partial f(x_i, T)}{\partial (x_i, T)}, \tag{33}$$

einer Jacobi-Matrix und ψ dem Zustandsvektor. Gemäss Glg. (33) setzt sich die Jacobi-Matrix zusammen wie

$$\frac{\partial f(x_i,T)}{\partial\,(x_i,T)} = \begin{pmatrix} \eta_1^{\text{kal}} & 0 & 0 & 0 & 0 & 0 & 0 & \frac{\partial\eta_1^{\text{kal}}}{\partial T}x_1 - A_1^{\text{exp}} \\ 0 & \eta_2^{\text{kal}} & 0 & 0 & 0 & 0 & 0 & \frac{\partial\eta_2^{\text{kal}}}{\partial T}x_2 - A_2^{\text{exp}} \\ 0 & 0 & \eta_3^{\text{kal}} & 0 & 0 & 0 & 0 & \frac{\partial\eta_3^{\text{kal}}}{\partial T}x_3 - A_3^{\text{exp}} \\ 0 & 0 & 0 & \eta_4^{\text{kal}} & 0 & 0 & 0 & \frac{\partial\eta_4^{\text{kal}}}{\partial T}x_4 - A_4^{\text{exp}} \\ 0 & 0 & 0 & 0 & \eta_5^{\text{kal}} & 0 & 0 & \frac{\partial\eta_5^{\text{kal}}}{\partial T}x_5 - A_5^{\text{exp}} \\ 0 & 0 & 0 & 0 & 0 & \eta_6^{\text{kal}} & 0 & \frac{\partial\eta_6^{\text{kal}}}{\partial T}x_6 - A_6^{\text{exp}} \\ 0 & 0 & 0 & 0 & 0 & 0 & \eta_7^{\text{kal}} & \frac{\partial\eta_7^{\text{kal}}}{\partial T}x_7 - A_7^{\text{exp}} \\ 1 & 1 & 1 & 1 & 1 & 1 & 1 & 0 \end{pmatrix}. \tag{34}$$

Die ermittelten Werte $\psi_1 = (x_\text{i}, T)$ aus Glg. (32) gehen in einem iterativen Verfahren wiederum als Startwert $\psi_0 = (x_\text{i}, T)$ in selbige ein, bis Glg. (31) ein Minimum erreicht hat, bzw. bestenfalls gegen Null konvergiert. In diesem Verfahren wurde nach Erreichen eines Schwellenwertes von 10^{-7} die Iteration beendet.
Dieser Mechanismus erlaubt eine relativ einfache und effektive Berechnung der Zustandsdaten Molenbruch x_i und der Temperatur T.

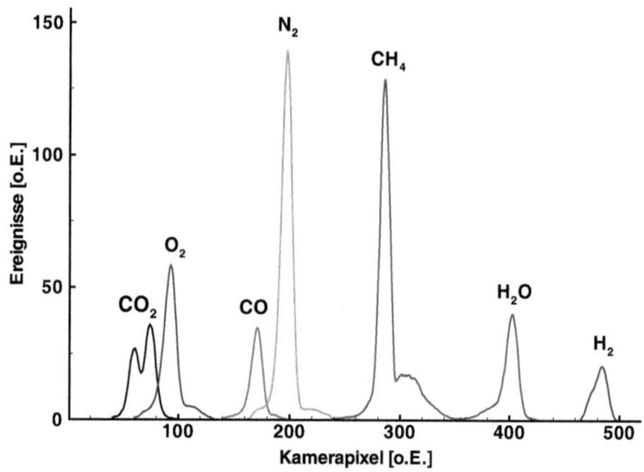

Abb. 13: Ramanspektrum gesamt.

Abb. 13 zeigt ein gemitteltes Schwingungs-Ramanspektrum, wie es in den durchgeführten Untersuchungen vorzufinden und aus Kalibriermessungen am McKenna-Brenner und Heissgaserzeuger entstanden ist. Die Abszisse in Pixel entspricht der relativen Verschiebung zur Rayleigh-Linie, die in dieser Messprozedur aufgrund der sehr hohen Intensität unterdrückt und in der Auswertung nicht berücksichtigt wird. Die für die Auswertung notwendige Fläche unter der Raman - Linie eines Moleküls wird durch Integration des Spektrums innerhalb von Integrationsgrenzen, die für jedes Molekül aus den Kalibrierungsmessungen spezifiziert sind, berechnet und für die Spezies CH_4, H_2O und H_2 einfach zu bestimmen sind. Jedes dieser Moleküle ist hinreichend aufgelöst und erlaubt eine vollständige Flächenintegration. Anders dagegen stellen sich die Molekülpaare CO_2 und O_2, sowie CO mit N_2 dar. Beide Signalpaare gehen mit ihren jeweiligen Signalflanken in die des anderen über, so dass eine genaue und vollständige Bestimmung der Signalfläche einer jeden Spezies auf diese Art sehr ungenau ist. Im Fall von CO und N_2 geht das CO-Signal wegen seiner sehr geringen Konzentration zum Grossteil in den schwach ausgebildeten Rotationsbanden des Stickstoffsignals ein. Der CO-Gehalt ist unter diesen Bedingungen im Gegensatz zum N_2-Signal äusserst kritisch zu betrachten. Der durch den Überlapp von CO verursachte relative Fehler bei der Bestimmung des Stickstoff-Molenbruchs ist aufgrund der sehr viel höheren Anteile von Stickstoff in den untersuchten Flammen (x_{N_2} liegt typischerweise bei 70 %, x_{CO} gewöhnlich unter 2 %) gering. Die Auswertung der Signalflächen bei CO_2 und O_2 erscheint dagegen wesentlich komplizierter, weswegen in Kap. 3.2.2 gesondert darauf eingegangen wird.

3.2.1 Kalibrierung

Die Basis zur Auswertung von Ramanspektren turbulenter Vormischflammen im Ein- und Mehrphasenbetrieb bilden Daten, die aus laminaren Vormischflammen und heissen Gasen gewonnen werden und setzen sich zusammen aus Ramanspektroskopischen Messungen an

- Standardflammen am McKenna-Brenner an
  - Methan-Luft-Gemischen (1706 K $<$ T $<$ 2110 K) und
  - Wasserstoff-Luft-Gemischen (1246 K $<$ T $<$ 2185 K)
- Gasgemische am Heissgaserzeuger (300 K $<$ T $<$ 800 K)
- Luft (T $\simeq$ 300 K),

Als Referenz über die hinreichend genau vermessenen standardisierten laminaren Flammen am McKenna-Brenner wird bezug auf die Ergebnisse des DLR [PW96, WS94] genommen. Dort wurde mit dem laserspektroskopischen Messverfahren CARS verschiedenartige Gasgemischzusammensetzungen untersucht zur Bestimmung von Molenbruch x_i der Spezies i und Temperatur T. An verschiedenen Methan-Luft-Gasgemischen konnten für die Spezies CO_2, O_2, CO, N_2, CH_4, H_2O und H_2 die Molenbrüche x_i in dem oben aufgeführten Temperaturbereich ermittelt werden. Analog hierzu lieferten Wasserstoff-Luft-Flammen mit unterschiedlicher Gasgemischzusammensetzung die Molenbrüche für die Spezies O_2, N_2, H_2O und H_2 in dem Temperaturbereich 1246 K $<$ T $<$ 2185 K. Da in Wasserstoff-Luft-Flammen kein Kohlenstoff vorkommt, fehlen bezüglich CO_2 Molenbruchwerte im Temperaturfeld 1246 K $<$ T $<$ 1706 K. Diese Lücke lässt sich schliessen, indem CO_2 an "kalten" laminaren Wasserstoff-Luft-Flammen unter definierten Bedingungen zugesetzt und

ramanspektroskopisch untersucht worden ist. Dieses Vorgehen basiert auf der Annahme, das CO_2 als inert aufgefasst wird und keine weiteren chemischen Reaktionen mit den beteiligten Reaktanden H_2 und O_2 eingeht. Unter der Annahme eines chemischen Gleichgewichts einer adiabatischen Flamme sowie den Ausschluss einer Enthalpieänderung durch Zugabe von CO_2 lassen sich T und x_i auf der Grundlage von Gaseq [Mor05] berechnen. Nähere Informationen liefert hierzu die Arbeit von [Obo06]. Für niedrigere Temperaturen werden unter gleichen Bedingungen Ramanspekren an Gasgemischzusammensetzungen am Heissgaserzeuger aufgenommen und ausgewertet. Ziel dieser Kalibriermessungen ist es, über den gesamten Temperaturbereich $300\,\mathrm{K} < \mathrm{T} < 2185\,\mathrm{K}$ für alls Spezies i möglichst viele Daten zur genauen Bestimmung des Wirkungsquerschnitts-Äquivalents η_i^{kal} zu erhalten.
Aus den Signalflächen $A_{i,\varepsilon}^{\mathrm{kal}}$ der Kalibriermessungen und den Ergebnissen für Molenbruch und Temperatur aus der Tabelle des DLR Stuttgart [PW96, WS94] bestimmt sich ein Spezies-spezifisches η_i^{kal} nach

$$\eta_i^{\mathrm{kal}} = \frac{A_{i,\varepsilon}^{\mathrm{kal}}\,T}{x_i}, \tag{35}$$

das sich durch Interpolation zu den Messwerten über den gesamten Temperaturbereich darstellt und in der Auswertung nach Glg. (31) eine lückenlose Charakterisierung der turbulenten Vormischflamme gewährleistet.
Nach Glg. (35) lässt sich η_i^{kal} für i' $= CO_2, O_2, CO, CH_4, H_2O$ und H_2 unter der vereinfachten aber notwendigen Annahme, dass η_i^{kal} temperaturunabhängig ist ($\eta_{i'}^{kal} = \mathrm{const.}$), darstellen wie

$$\eta_{i'}^{kal} = \mathrm{C}_{1,i'} \quad . \tag{36}$$

Vorauswertungen an bekannten Standardflammen haben gezeigt, dass bei linear ansteigendem η_i^{kal} ($\neq$const.) die Standardabweichungen für Molenbruch und Temperatur um den Faktor 3 höher liegen als die der ermittelten Signalflächen A_i, die vorwiegend auf statistischen Schwankungen basieren. Auf dieser Grundlage sind neben den hohen Standardabweichungen der Parameter x_i und T auch deren Absolutwerte in vollem Umfang unrealistisch. Der Gund für diese abnormen Abweichungen sind auf die hohe Nicht-Linearität des Gleichungssystems zurückzuführen. Der effektive Wirkungsquerschnitt, der in die Auswertemechanismus nach Glg. (31) und Glg. (32) eingeht, wird daher aus dem Mittelwert aller ermittelten Wirkungsquerschnitte über die Temperatur je Spezies gebildet und konstant gehalten. Als Konsequenz dieser Annahme erhält man Standardabweichungen aller Parameter, die ganz im Rahmen der statistischen Schwankungen liegen, und sehr gut übereinstimmende Absolutwerte, die in Selbstkonsistenz an Standardflammen getestet wurden.
Die lineare Abhängigkeit $\eta^{kal}(T)$ für N_2 wurde beibehalten, da Stickstoff als einzige Verbindung in jedem Flammenzustand in ausreichend hoher Konzentration vorkommt und als temperaturabhängige Grösse in die Auswertung wie folgt eingeht

$$\eta_{\mathrm{N}_2}^{kal}(T) = \mathrm{C}_{1,\mathrm{N}_2} + \mathrm{C}_{2,\mathrm{N}_2} \cdot T \quad . \tag{37}$$

Die Koeffizienten $C_{1,i'}$ für $\eta_{i'}^{kal}(T)$ aus Glg. (36) der Spezies i' = CO_2,O_2,CO,CH_4, H_2O und H_2 bilden sich aus den jeweiligen Mittelwerten über den gesamten gemessenen Temperaturbereich (Abb. 14 - 18, blaue gestrichelte Linie) und N_2 entsprechend nach Glg. (37). In Abb. 14 sind die Messwerte für $\eta_{CO_2}^{kal}(T)$ der unterschiedlichen Gaszusammensetzungen farblich getrennt dargestellt. Während die Werte für $\eta_{CO_2}^{kal}(T)$ aus den Aufnahmen am Heissgaserzeuger (graue Punkte) den unteren Temperaturbereich wiedergeben, sind die Daten im oberen Temperaturbereich aus den spektroskopischen Aufnahmen am McKenna - Brenner bei diversen Gasgemischzusammensetzungen bei gleichen Einstellungen im Detektionssystem ermittelt worden. $\eta_{CO_2}^{kal}(T)$ liegt für die H_2 - Luft - Flammen (weisse Punkte) gegenüber den Daten aus den CH_4 - Luft - Flammen (blaue Punkte) tendenziell zu hoch.
In dieser (und den folgenden) Darstellungen ist eine deutliche Temperaturabhängigkeit des Wirkungsquerschnitts zu erkennen: $\eta_{CO_2}^{kal}(T)$ fällt mit zunehmender Temperatur zunächst ab (graue Punkte) und steigt nach Erreichen seines Tiefpunktes allmählich wieder an (weisse und blaue Punkte). Dieser Verlauf ist beim effektiven Wirkungsquerschnitt aller anderen Spezies ebenso zu erkennen, allerdings mit mehr oder minder abfallenden (graue Punktbereiche) und ansteigenden (weisse und blaue Punktbereiche) Flanken.
Insgesamt werden die Kalibrierdaten aller Spezies von einer hohen Punkt-zu-Punkt-Abweichung begleitet, die auf die Messungen an unterschiedlichen Kalibrierflammen zurückzuführen sind; auf sie wird in Kap. 7 gesondert eingegangen.
Der relative Fehler, der damit in die gesamte Fehlerbetrachtung mit eingeht, liegt bei $< 4\,\%$ und wird in Kap. 6.1.1 differenziert betrachtet.

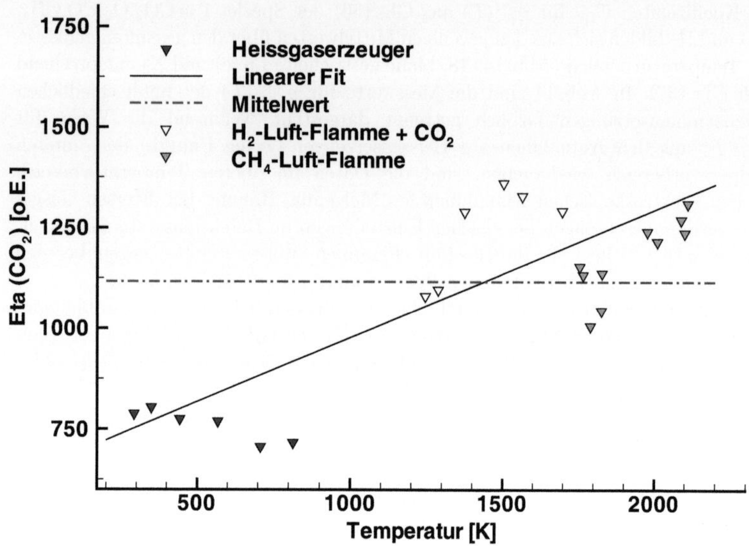

Abb. 14: $\eta^{kal}_{CO_2}(T)$ aus den Kalibrierspektren. Die grauen Messpunkte im unteren Temperaturbereich wurden aus den Heissgaserzeugerspektren ermittelt, die blauen im obersten Temperaturbereich sind die Werte für $\eta^{kal}_{CO_2}(T)$ aus den Kalibrierflammen, die am McKenna - Brenner mit CH_4 - Luft - Gasgemisch aufgenommen wurden. In mittleren Temperaturbereich (weisse Punkte) stammen aus Wasserstoff - Luft - Flammen mit CO_2-Zufuhr.

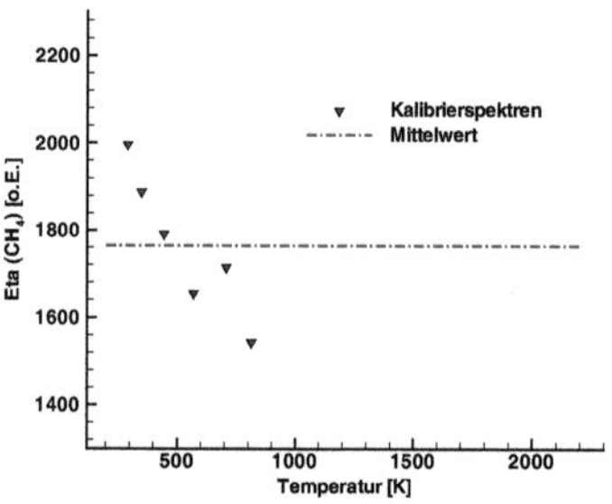

Abb. 15: $\eta^{kal}_{CH_4}(T)$ aus den Kalibrierspektren

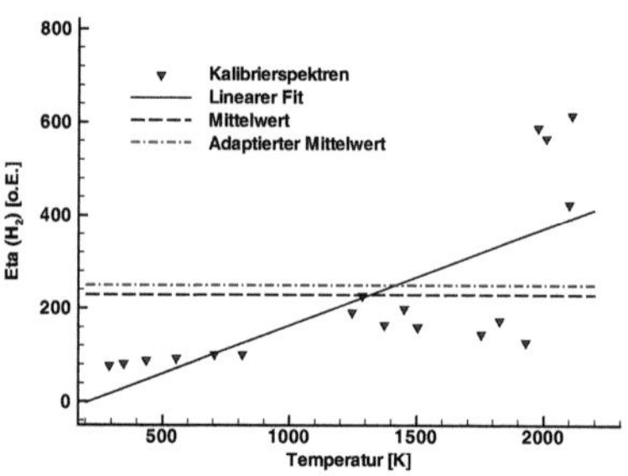

Abb. 16: $\eta^{kal}_{H_2}(T)$ aus den Kalibrierspektren

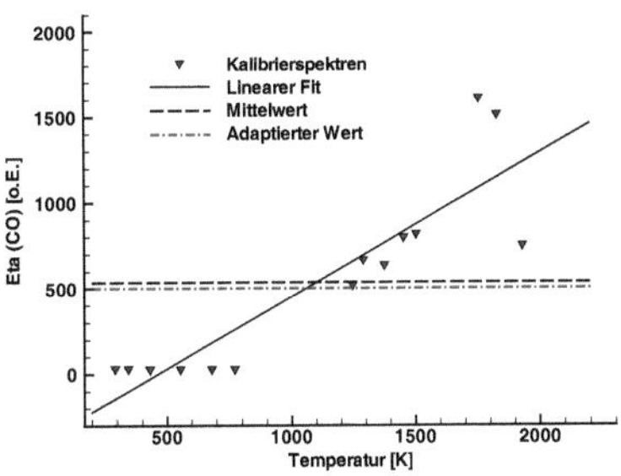

Abb. 17: $\eta_{\mathrm{CO}}^{kal}(T)$ aus den Kalibrierspektren

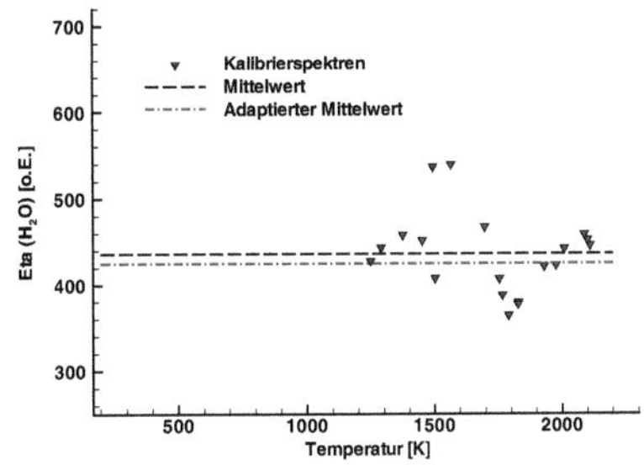

Abb. 18: $\eta_{\mathrm{H_2O}}^{kal}(T)$ aus den Kalibrierspektren

Im Vergleich zu allen anderen Spezies lässt sich $\eta_{\mathrm{CH_4}}^{kal}$ für Methan lediglich im unteren Temperaturbereich ermitteln, da es bei hohen Temperaturen durch chemische Reaktionen vollständig verbraucht wird und daher in diesem Temperaturbereich ohnehin bedeutungslos ist. Bei Wasserstoff (Abb. 16) liegen die Messdaten für den effektiven Wirkungsquerschnitt an den obersten Temperaturen der Standardflammen vergleichsweise hoch. Die Daten stammen von CH_4-Luft-Flammen am McKenna-Brenner, die sich durch äusserst geringer H_2-Konzentration auszeichnen. Das sehr schwache Ramansignal von Wasserstoff ist auf dieser Basis nur mit einem hohen Sighal-zu-Rausch-Verhältnis auszuwerten, was sich in den ermittelten Werten für $\eta_{\mathrm{H_2}}^{kal}$ deutlich bemerkbar macht. Die Werte wurden jedoch in die Auswertung mit aufgenommen, da die Adaption (blaue Gerade) des Mittelwertes (schwarze Gerade) ohnehin zu einem höheren Wert erfolgte.
In Abb. 17 ist η_{CO}^{kal} für Kohlenmonoxid dargestellt. Das Ramansignal von CO überlappt sich mit dem molekularem Stickstoffsignal und ist durch den enormen Konzentrationsunterschied ($x_{\mathrm{CO}}/x_{\mathrm{N_2}} \approx 6 \cdot 10^{-3}$) unter erhöhtem Fehler ausgewertet. Bei den Temperaturen von 1754K und 1826K heben sich die Messpunkte für den Wirkungsquerschnitt von den umliegenden sehr ab. Analog wie bei $\eta_{\mathrm{H_2}}^{kal}$ sind die Molenbrüche für CO bei diesen Gasgemischzusammensetzungen sehr gering, sodass die Absolutwerte nur mit hohem Fehleranteil zu verstehen sind, in die Mittelwertsbildung von η_{CO}^{kal} allerdings mit einbezogen werden. η_i^{kal} für Wasser, Wasserstoff, Sauerstoff und Kohlenmonoxid sind aus den Kalibriersprektren ermittelt (schwarze gestrichelte Linie in den Abb. 16, 17, 18 und 20) und auf Selbstkonsistenz getestet worden. Hierzu sind die ermittelten Daten für η_i^{kal} in das Auswerteprogramm eingepflegt und an den Kalibrierspektren von Heissgaserzeuger und McKenna - Brenner verifiziert worden. Wegen der sehr grossen Temperaturspanne, über die der Auswertemechanismus Temperatur und Molenbruch errechnet, mussten die Werte von $\eta_i^{kal}(O_2,CO,N_2,H_2O,H_2)$ auf die Standardflammen korrigiert werden (blaue Linie). Diese Renormierung muss als Adaption der Basis (Kalibriermessungen an Standardflammen) und abschliessende Massnahme an den gesamten experimentellen Aufbau in seiner Eigenschaft verstanden werden.

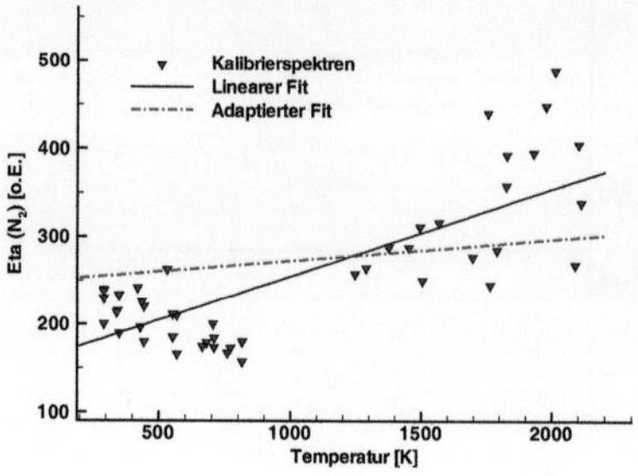

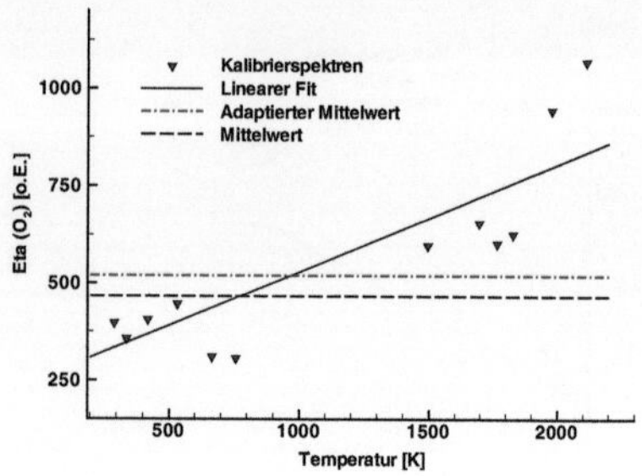

Abb. 19: $\eta^{kal}_{N_2}(T)$ aus den Kalibrierspektren **Abb. 20:** $\eta^{kal}_{O_2}(T)$ aus den Kalibrierspektren

3.2.2 Flächenbestimmung von CO_2 und O_2

Die spektralen Signaturen von CO_2 und O_2 sind unter gegebenen Umständen nicht hinreichend getrennt, um die jeweiligen Flächen A_i der Spezies eindeutig und ohne Einfluss des Paarpartners zu bestimmen. Es wird daher die angenäherte Symmetrie der Signale ausgenützt, um eine vollständige Bestimmung der Flächenwerte für CO_2 und O_2 zu erreichen.

Als Ausgangspunkt für dieses Vorgehen dienen Ramanspektren, die für die Spezies in einem Gasgemisch aus N_2/CO_2, bzw. N_2/O_2 am Heissgaserzeuger bei diversen Temperautren aufgenommen wurden. Über die ortsaufgelösten Signale von CO_2 und O_2 zum Gasgemischträger N_2 errechnet sich die vollständige Fläche, wie es sich aus der Darstellung in Abb. 13 entnehmen lässt. Hierdurch bestimmen sich die Integrationsgrenzen und damit die vollständigen Flächenwerte A_i der Spezies CO_2 und O_2. Unter Einbezug einer angenäherten Symmetrie sind die Integrationsgrenzen der Spezies für halbe Signalflächen ermittelt worden, und zwar für CO_2 die linke (reguläre) Integrationsgrenze und die der Flächenhalbierenden als rechte Grenze (schwarze gestrichelte Linie in Abb. 21) sowie im analogen Vorgehen für Sauerstoff. Im experimentellen Aufnahmemodus der Ramanspektren an der turbulenten Vormischflamme wird demnach für CO_2 die linke äussere Flächenhälfte des Signals und analog dazu die rechte äussere Flächenhälfte für O_2 bestimmt und auf Vollständigkeit invers zum oben beschriebenen Vorgang verdoppelt. Mit diesem Auswertemechanismus lassen sich überaus realistische und genaue Werte in Betrachtung der Flächen und der Molenbrüche beider Spezies erzielen, wie sie im Kap. 5 demonstriert werden.

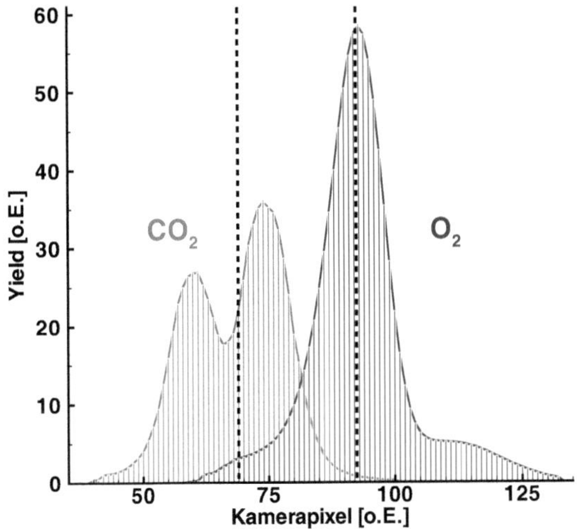

Abb. 21: Ramansignale CO_2 und O_2

In den folgenden Darstellungen wird dieser Mechanismus zur Bestimmung der Signalflächen für CO_2 und O_2 wiedergegeben. Dazu werden drei unterschiedliche Flächenwerte von Ramanspektren ermittelt, die in Zonen von unverbranntem und verbranntem Gas aufgenommen sind und die Richtigkeit des Auswerteformalismus validieren. Für jede der beiden Spezies sind die Flächen

- A_1 - die Flächenhälfte (für CO_2 die linke, respektive für O_2 die rechte Signalflächenhälfte),
- A_2 - das Doppelte der Flächenhälfte ($A_2 = 2\,A_1$) sowie
- A_3 - die Fläche über das gesamte jeweilige Signal,

in den Abb. 22 - 25 aufgetragen und gegenübergestellt. In der Zone eines unverbrannten Gasgemisches (Frischgas) ist durch die Integration über den gesamten Bereich (A_3) von CO_2 (siehe Abb. 22) ein Teil der Signalflanke von O_2 als Restfläche noch deutlich erkennbar (blaue Punkte). Durch die Flächenhälfte A_1 (graue Punkte) sowie deren Flächendoppel A_2 (orangefarbene Punkte) erhält man bis eine auf den Faktor $\sqrt{2}$ höhere Streuung und auf Rauscherscheinungen eine gegen Null gehende Verteilung von A_{CO_2}. Stellt man im Gegenzug die Flächenwerte von Sauerstoff denen von CO_2 des gleichen Gasgemisches gegenüber (Abb. 23), bestätigt sich die Flächenauswertung in jener Form, dass in Abwesenheit von CO_2 die Gesamtfläche A_3 für O_2 mit dem Flächendoppel A_2 bei hoher statistischer Streuung im Mittel übereinstimmt.

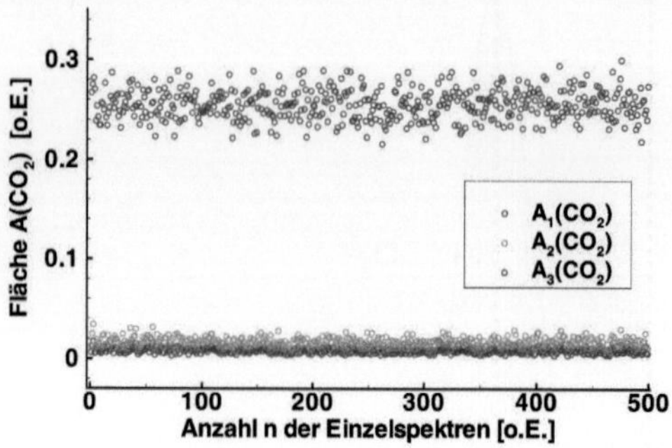

Abb. 22: Scatterplot der Flächenwerte von A_1, A_2 und A_3 für CO_2 von Ramanspektren in unverbranntem Zustand.

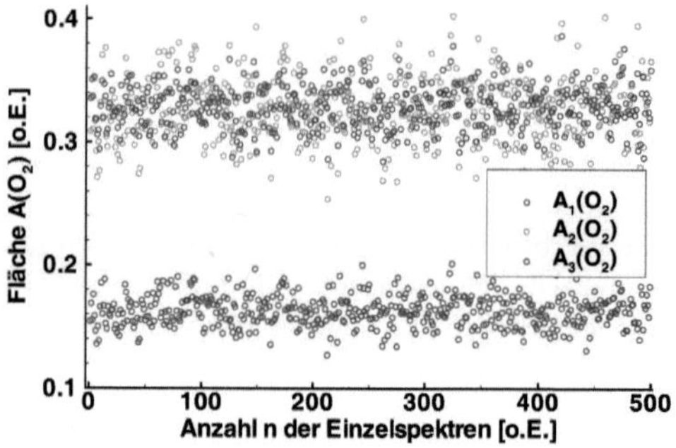

Abb. 23: Scatterplot der Flächenwerte von A_1, A_2 und A_3 für O_2 von Ramanspektren in unverbranntem Zustand.

Analog werden die Signalflächen beider Spezies in verbrannter Gasphase ermittelt. Die Flächenhälften für CO_2 (Abb. 24) sind als graue Punkte wiedergegeben, das Flächendoppel in orangefarbenen Punkten sowie die Gesamtfläche über beide Signale in blauer Farbe. Um die Richtigkeit dieses Auswerteverfahrens zu verifizieren, muss das Flächendoppel mit dem der Gesamtfläche beider Signale betrachtet werden. Selbst bei hohen statistischen Streuung, z.B. bei verbrannten Zuständen im chemischen Gleichgewicht, und unter Berücksichtigung systematischer Fehler ist die Übereinstimmung zwischen Flächendoppel A_2 und der Gesamtfläche A_3 im Mittel gut wiedergegeben. Die Flächen für Sauerstoff (Abb. 25) verhalten sich in verbrannten Zustand genau umgekehrt und spiegeln mit ihren geringfügigen Werten lediglich das Rauschen des Detektionssystems wieder.

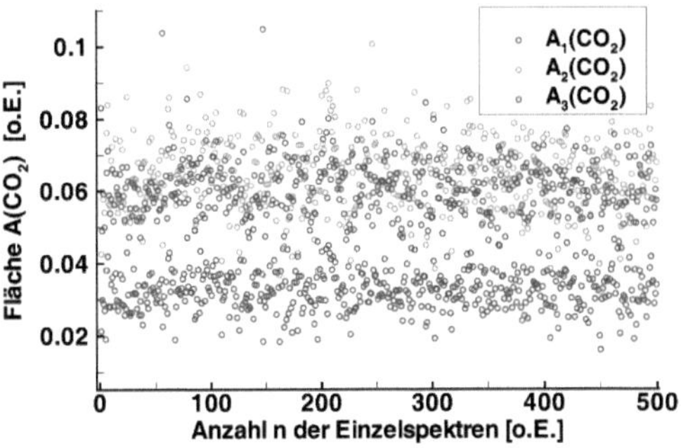

Abb. 24: Scatterplot der Flächenwerte von A_1, A_2 und A_3 für CO_2 von Ramanspektren in verbranntem Zustand.

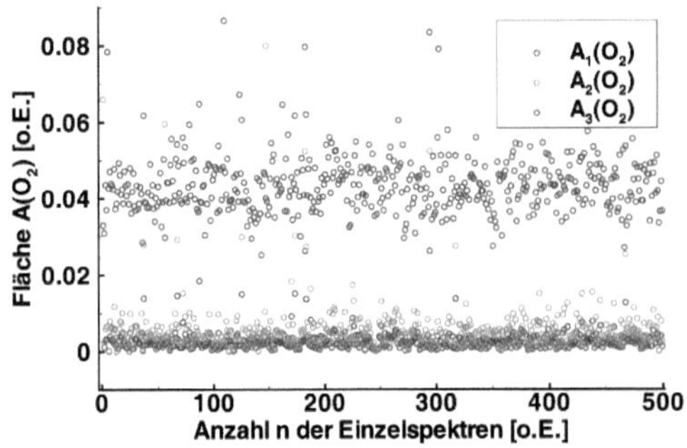

Abb. 25: Scatterplot der Flächenwerte von A_1, A_2 und A_3 für O_2 von Ramanspektren in verbranntem Zustand.

In der finalen Auswertung der Ramanspektren, die an der turbulenten pilotierten Freistrahlflamme aufgenommen worden sind, werden die Flächenhälften von CO_2 und O_2 bestimmt und sind mit dem Flächendoppel A_2 der Auswertung nach Kap. 3.2 ausgewertet worden. Ihre Ergebnisse finden sich in Kap. 5.2 dargestellt und diskutiert wieder.

3.2.3 Laserenergie

Die Raman-Streustrahlung ist bei gegebenen Bedingungen der Laserleistung nach Glg. (18) direkt proportional, so dass dem von Natur aus schwachen Ramansignal mit maximaler Laserleistung in den Raman-Messverfahren entgegengewirkt werden kann. Neben den technischen Möglichkeiten, die zur Optimierung der Laserleistung dienen (Blitzlampen, Phasematching des Laserlichts), müssen auch die Strahlungsverluste berücksichtigt und nach Möglichkeit kompensiert werden. Die Strah-

lungsverluste, die auf der gesamten Strahlführungslinie (Zeitverzögerungsstrecke, Strahlumlenkungen) zu verzeichnen sind, werden hauptsächlich durch eine Dejustierung bei Erwärmung von Spiegel und Strahlteiler verursacht.
In Abb. 26 ist die Leistungskurve der gepulsten Nd:YAG-Laser I und II in verschiedenen Leistungsstadien dargestellt. Die Messungen der Laserleistung sind mit einem Leistungsmesser (Joulemeter) durchgeführt worden. Für Laser I (schwarze Kurve) ergab sich bei oberster Leistungsgrenze (Potentiometerstellung "10") ein Maximalwert von 550 mJ. Das entspricht einem Wert, der durchschnittlich 7 % unterhalb der nominalen Leistung des Nd:YAG-Lasers II (590 mJ) liegt. An den jeweiligen Messtagen fällt die Energie beider Laser ab, die sich aufgrund einer mehrstündigen Betriebsdauer bis zu 8 % beziffert. Derartige Leistungsschwankungen der Laser gehen nicht in die Ramanspektren ein, da in regelmässigen Abständen zu Detektionen an der turbulenten Freistrahlflamme Referenzmessungen an Luft durchgeführt werden, die nach Glg. (29) in den Ramanspektren berücksichtigt werden und Veränderungen dieser Form kompensiert. Energieschwankungen, die von Schuss zu Schuss der gepulsten Laser auftreten, sind mit ca. 5 % spezifiziert. Der Hauptverlust zur Ausgangsleistung der Laser wird aber primär durch die optischen Komponenten verursacht, die vom Laser entlang der Strahlführung bis zum Messort am Brenner zwischengeschaltet sind. Der zu verzeichnende Strahlungsverlust beläuft sich für beide Laser auf je $\approx$ 22%.

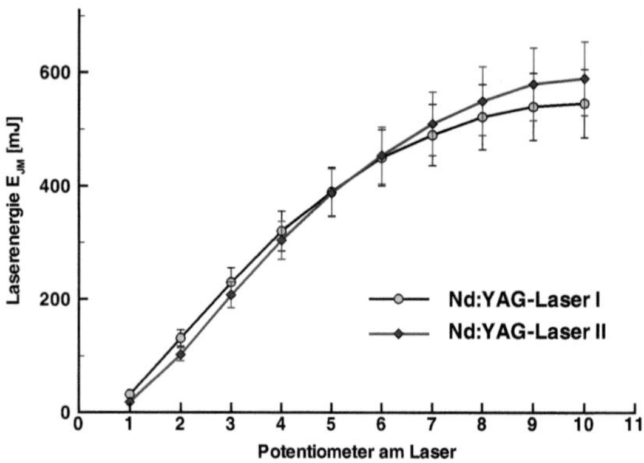

Abb. 26: Laserenergie der Nd:YAG-Laser I und II in Abhängigkeit der Laser-Intensitätspotentiometer. Die reale Laserenergie E_{JM} wird mit einem Joulemeter (GENTEC) bei einer Laserfrequenz von 5 Hz (interne Triggerung) und aufgeweitetem Laserstrahl ($\varnothing$ = 9 mm) hinter der Zeitverzögerungsstrecke und Strahlumlenkung ermittelt. Die Energieschwankungen incl. Messunsicherheit betragen insgesamt $\approx$ 11 %.

3.2.4 Linearität der Kameraverstärkung

In strenger Analogie zur Laserintensität ist die Detektion des zu erfassenden Spektralbereichs auf hohe Empfindlichkeit einzustellen, ohne dabei in die Sättigung des Detektionssystems zu gelangen. Der Detektionsbereich wird dabei begrenzt durch das Stickstoffsignal, das die obere Grenze der Verstärkung angibt. Die Messreihe, die die Linearität der Kameraverstärkung wiedergibt, ist in Abb. 27 dargestellt. In neun (von zehn) Leistungsstufen der Laser sind Ramanspektren an reinem Stickstoff ($T = 295\,K$) aufgenommen worden. Aufgetragen über die ermittelte Fläche des Stickstoffsignals an den jeweiligen Leistungsstufen der Laserenergie E_{JM} entspricht das im Idealfall einer Geraden. Es ist deutlich zu erkennen, dass neben einer in den Fehlergrenzen minimalen Abweichung der Signalfläche des N_2 - Peaks ($\approx 1\,\%$) bis zur obersten Leistungsstufe der Laser die Linearität des Kamerasystems im vollen Umfang gewährleistet ist.
Für ein Ramanspektrum, wie es in diesem Experiment detektiert wird (siehe Abb. 13), wird die gesamte Verstärkungsdynamik des Detektionssystems in Anspruch genommen. Das Ramanspektrum umfasst die sehr intensiven Ramansignalen der Verbindungen N_2 und CH_4 bis hin zu den Signalen der Minoritätsspezies CO und H_2. Unterhalb der kleinsten Leistungsstufe (2) der Laser waren keine auswertbaren Signale mehr detektierbar, während bei voller Laserleistung (10) das Stickstoffsignal die maximal zulässige Signalstärke überstieg.
Da Stickstoff wegen seines hohen prozentualen Anteils an den untersuchten Gasgemischen gegenüber allen anderen Spezies am ausgeprägtesten ist, eignet sich dieser Linearitäts - Check auch zur Auswahl der absoluten Kameraverstärkung. Bei einem Verstärkungsmodus des Kamerasystems (9) sind daher alle Ramanspektren aufgenommen worden. Dies betrifft im einzelnen die Kalibriermessungen sowie die Messungen an den turbulenten Flammen im Ein - und Mehrphasenbetrieb.

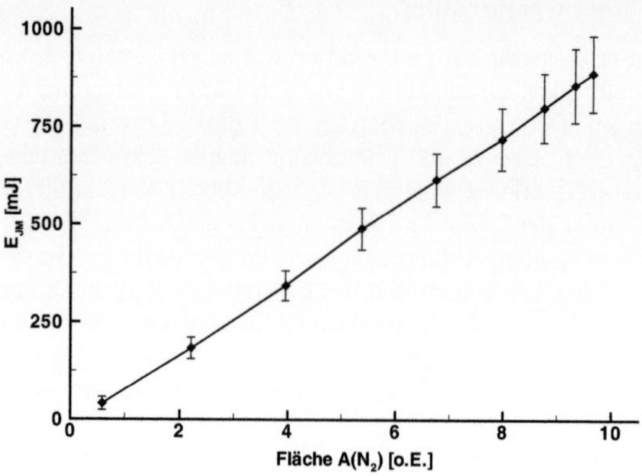

Abb. 27: Linearität - Check der Kamera. Die Kontrollaufnahmen erfolgen bei 9 unterschiedlichen Laserenergien (siehe Abb. 26) an reinem Stickstoff und bei Umgebungstemperatur. Die Signalflächen stehen zur Gesamtenergie E_{JM} der Laser I und II in linearer Abhängigkeit.

3.2.5 Binning

Die Signalgüte der Ramanspektren ist ein direkter Parameter für die Genauigkeit und hängt unmittelbar von dem Signal - Rausch - Verhältnis SNR (aus dem englischen "*S*ignal to *N*oise *R*atio") ab. Das SNR ist ein Mass für die Qualität des Raman - Nutzsignals, das von einem Rauschsignal überlagert wird, und sich bildet wie

$$\mathrm{SNR}\,(\mathrm{A}) = \frac{A_{\mathrm{Mean}}}{\mathrm{Std}\,(\mathrm{A})} = \frac{1/n \sum_{i=1}^{n} A_{\mathrm{i}}}{(n-1)^{-1/2}\,(\sum_{i=1}^{n}(A_{\mathrm{i}} - A_{\mathrm{Mean}})^2)^{1/2}}\,, \tag{38}$$

wobei A_{i} für die Ereignisse der Einzelaufnahmen i, Std (A) die Standardabweichung, A_{Mean} der Mittelwert der Ereignisse und n für die Anzahl der Einzelereignisse steht. Zur Ermittlung des günstigsten Signal - Rausch - Verhältnisses wird dieses durch die Aufnahme von Ramanspektren an reinem Stickstoff bei diversen Hardware- (Zeilen-) Binnings auf der opt. Achse (x - Achse) und bei unterschiedlichen Kameraverstärkungen (KV) durchgeführt. Über den ermittelten Flächenwert des Stickstoff - Signals sind die Mittelwerte und Standardabweichungen derer aufgenommen und das Signal-zu-Rausch-Verhältnis errechnet worden, welches in Abb. 28 graphisch dargestellt ist.

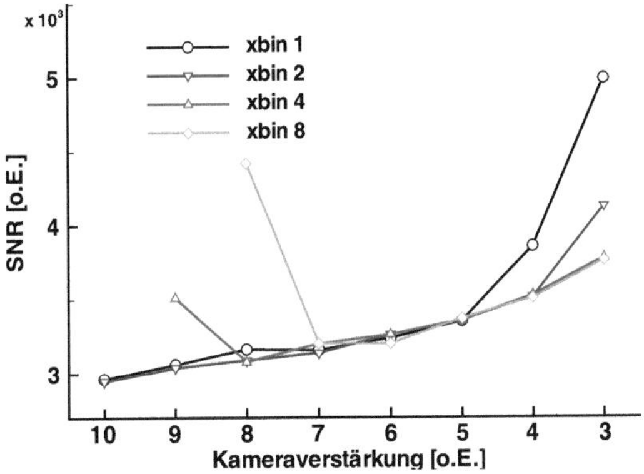

Abb. 28: Zur Bestimmung des Hardware-Binnings in Abhängigkeit von der Kameraverstärkung KV.

Das Stickstoffsignal liess sich mit einem Zeilenbinning von 4 (xbin 4) und 8 (xbin 8) erst ab einer Kameravertärkung von 9, bzw. 8 detektieren, da die Signalintensität die maximal zulässige Intensitätsgrenze des Kamerasystems überstieg. Das SNR der Binnings 4 und 8 ist mit hoher Kameraverstärkung sehr gross, sinkt zunächst mit abnehmender KV ab und steigt mit weiter abnehmender KV langsam wieder an. Die Verwendung der höheren Binnings (> 2) schied für unsere Anwendung aufgrund der Einbussen in der Ortsauflösung und bei mässigem SNR aus. Im Gegensatz dazu befindet sich das SNR bei den Zeilenbinnings 1 (xbin 1) und 2 (xbin 2) bei hoher Kameraverstärkung auf niedrigstem Niveau und beträgt für eine KV von "10" für das Zeilenbinning 2 gerade einmal $2.95 \cdot 10^3$, für das Binning 1 bei gleicher KV $2.97 \cdot 10^3$. Um das Kamerasystem nicht am obersten Grenzbereich zu betreiben[3], wurden alle Ramanspektren bei einer KV von 9, bei voller Pixellänge (xbin 1) und einem SNR von $3.04 \cdot 10^3$ (an Stickstoff ermittelt) aufgenommen.

[3]Empfehlung des Herstellers

4 Turbulente Vormischflamme im Mehrphasenbertrieb

In einem weiteren Schritt wird die in Kapitel 3 beschriebene pilotstabilisierte Flamme erweitert, indem zur vorgemischten Methan-Luft-Flamme ein Kraftstoff in Form von Tröpfchen zugeführt wird. Um zu jedem Zeitpunkt dieselben Bedingungen im Zwei-Phasen-System vorzufinden, liegt ein besonderes Augenmerk auf die Generierung homogener Tröpfchen, die durch die Parameter Volumenstrom der Flüssigkeit $\dot{V}$ und Anregungsfrequenz f_G nach Glg. (24) massgeblich reguliert werden. Dadurch bietet sich die Möglichkeit, die Raman-Spektren des Zwei-Phasen-Systems mit denen der herkömmlichen Methan-Luft-Flamme ins Verhältnis zu setzen, um so Rückschlüsse auf die Tröpfchenverbrennung zu ziehen. Ein konstanter Volumenstrom der Flüssigkeit impliziert bei einer definierten Anregungsfrequenz die Entstehung homogener monodisperser Tröpfchen (Kap. 2.4.2), die in die turbulente Freistrahlflamme injiziert werden. Hierzu werden Tropfendurchmesser und Tropfenabstand im Vorfeld zur Flammenverbrennung im Mehrphasenbetrieb gemessen und während des gesamten Messprozedere durch Kontrolle des Volumenstroms konstant gehalten.

4.1 Die Generierung homogener monodisperser Tröpfchen

Die Erzeugung homogener monodisperser Tröpfchen erfolgt über einen an das Brennersystem adaptierten Tropfengenerator. Dazu wird der Kraftstoff Ethanol in einem Drucktank (FESTO) bei einem Druck p = 4.0 bar über Zuleitungen in den Tropfengenerator geleitet (siehe Abb. 31). Für die Feineinstellung bezüglich der Druckregelung ist ein Feindosierventil (PARKER) mit Regulier-Spindel zwischengeschaltet, um Druckschwankungen auszugleichen, ein Manometer mit Feinskalierung dient zur Drucküberwachung. Damit es zu keinen Verstopfungen an der Austrittsöffnung der Generatorspitze kommt (siehe Abb. 29), passiert die Flüssigkeit zwei Filterelemente mit Sinter-Einsätzen (PARKER, HAMLET) mit Porengrössen von 5μm und 1μm und gelangt von hier aus über eine Kombination aus Edelstahl- und PTFE[4]-Schlauchzuleitungen zur Anschlussstelle des Tropfengenerators. Zwei Piezokeramik-Ringe (PI-CERAMIC, PIC 181), die am unteren Teil des Generators angebracht sind, werden mit positiven Spannungspulsen, die aus einer Gleichspannungsquelle (U = 40 V) und einem Frequenzgeber (f =122 kHz) erzeugt und durch einen Spannungswandler transformiert werden, ausserhalb ihrer Resonanzfrequenz betrieben (siehe Abb. 30). Dadurch werden periodische Druckwellen auf die Flüssigkeitssäule des Tropfengenerators ausgeübt, die eine gleichmässige Flüssigkeitsausscheidung am oberen Ende des Tropfengenerators erzwingt. Um Funken von möglichen Spannungsüberschlägen an den Piezokeramik-Scheiben vom reaktiven Methan-Luft-Gasgemisch fernzuhalten, werden diese von einer Kunststoffverschalung umgeben und mit einer Dichtmasse (TEROSON ATMOSIT) isoliert. Der Flüssigkeitsaustritt erfolgt dann über eine Lochblende (MELLES GRIOT, Precision Pinhole,

[4]PolyTetraFluorEthylen

Innendurchmesser 50μm), die in eine abnehmbare Spitzen-Konstruktion angepasst wurde (siehe Abb. 29).
Die Bauelemente zur Druckerzeugung und -kontrolle, i.e. die Flüssigkeitszuleitungen, Filterelemente, Ventile, sowie Spannungs- und Frequenzgebung wurden im Rahmen einer vorangegangenen Studienarbeit [Leo04] erfolgreich eingesetzt und mit gleicher Funktionsweise an den experimentellen Aufbau des Brenners adaptiert und integriert. Kontrollmessungen in Bezug auf Massestrom der zu untersuchenden Flüssigkeit konnten dabei mit sehr guter Genauigkeit verifiziert werden, sodass auf die Daten der Massestromberechnungen aus der Studienarbeit [Leo04] ohne Einschränkung zurückgegriffen werden kann. Vor diesem Hintergrund liessen sich im weiteren die Einstellungen wie Flüssigkeitsdruck, Frequenz und Spannung an den Piezokeramik-Scheiben in Bezug auf den Volumenstrom, bzw. Tropfendurchmesser übernehmen.

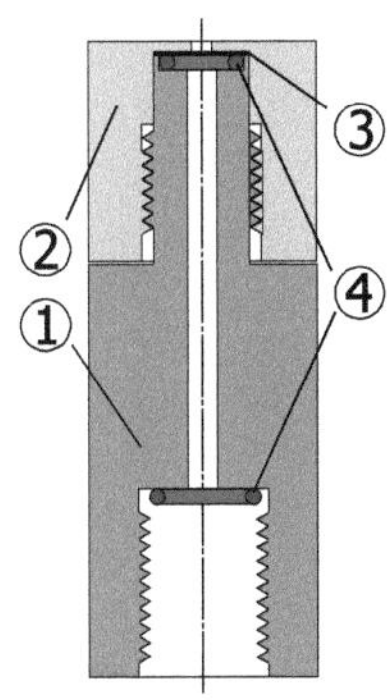

Abb. 29: Die aus Messing angefertigte 2-teilige Spitze des Tropfengenerators setzt sich aus dem Kopf (1) und dem Schraubverschluss (2) zusammen (siehe Teil (1) in Abb. 30). Dazwischen liegt die Lochblende (3), die durch einen Dichtungsring aus Viton (GEHRCKENS) (4) fixiert und gegen Flüssigkeitsverlust abgedichtet ist. Neben den fertigungstechnischen Gründen bietet diese Zweiteilung der Spitze die Möglichkeit einer einfachen Reinigung des gesamten Spitzenensembles, sowie Lochblenden mit unterschiedlichen Durchmessern einzusetzen.

Abb. 30: Der Tropfengenerator (farblich hervorgehobene Mittelteil im Brenner) wird von zwei Spangen (3) mit Tubrulenzgitterfunktion an der Flüssigkeitszuführung (2) getragen. Die unter Druck stehende Flüssigkeit gelangt vom Einlass des Tropfengenerators (Pfeil) durch die von zwei Piezokeramik-Scheiben (4) umgebene Zuleitung, durch welche sie hochfrequenten Druckwellen ausgesetzt wird. Die Induktion von Schallwellen auf die Flüssigkeit bewirkt einen homogenen Tropfenzerfall am Austritt des Generatorskopfes (1), in die eine Lochblende mit einem Durchmesser von 50 μm integriert ist (siehe Abb.29).

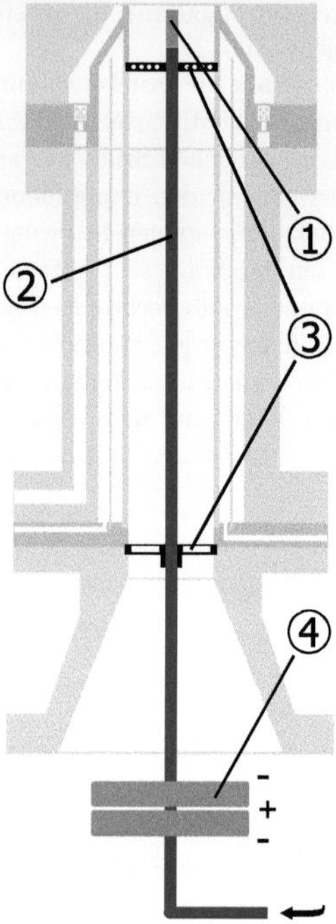

4.2 Experiment

Den Aufnahmen der Raman-Spektren an der turbulenten Freistrahlflamme unter Kraftstoffeinfluss geht die Bestimmung der Tröpfchengrössen im Tropfenjet voraus [HU01]. An jedem Messtag werden vor Beginn der Messprozedur die Beugungsmuster, die zur Bestimmung von Tropfendurchmesser und -abstand dienen, aufgenommen. Als Lichtquelle dient hierfür ein cw Helium-Neon-Laser (LASERLICHT, P=5mW, λ = 633 nm), der über eine Irisblende, die die störende Streustrahlung vom Laser abfängt, durch eine bikonvexe Linse (f = 250 mm) auf die vertikale Achse des Brenners mit Hilfe einer Lochblende ($\varnothing$ = 300 μm) fokussiert. Eine mechanische Konstruktion, die Laser und Linse auf einer voreingestellten Verbindungslinie fixiert, lässt sich die Strahlführungslinie des Helium-Neon-Lasers präzise im Brennpunkt auf die Brenner-Mittelachse justieren. In einer Höhe von $z \approx 1\,7$ mm ab der Brennerkopf-Oberfläche lassen sich dann die Interferrenzmuster auf einer Mattscheibe abbilden. Die Ansteuerung der unmittelbar hinter der Mattscheibe positionierten intensivierten Digital-Kamera (PROXITRONIC, Typ PCI-1407, 600 Pixelzeilen × 756 Pixelspalten), die Aufnahme der Beugungsmuster und die pulsgebenden Signale an die Piezokeramik-Scheiben am Tropfengenerator erfolgt unter Verwen-

dung der Software LabView 5.0, bzw. IMAQ (LabView) über einen Computer.
Die Detektion der Beugungsmuster zur Bestimmung von Tropfendurchmesser sowie Tropfenabstand erweist sich unter Flammen-technisch realen Bedingungen (Hauptströmung wird durch Luft ohne Flammenentzündung simuliert) als sehr schwierig. Die Schwierigkeit liegt in der Instabilität des generierten Tropfenjets, der durch die umgebende turbulente Hauptströmung beeinflusst wird, sodass die Stabilität und damit implizierte Homogenität in Durchmesser und Abstand der Tröpfchen im Jet lediglich im untersten und sehr kleinen Bereich (ca. 15 - 20 mm ab Generatorspitze) gewährleistet ist. Die Folge dieser Tropfenstrahl-Instabilität sind unscharfe und zum Teil "wandernde" Beugungsmuster auf der Mattscheibe, die unscharfe Aufnahmen und damit einen erhöhten Fehler in der Auswertung zur Folge haben.

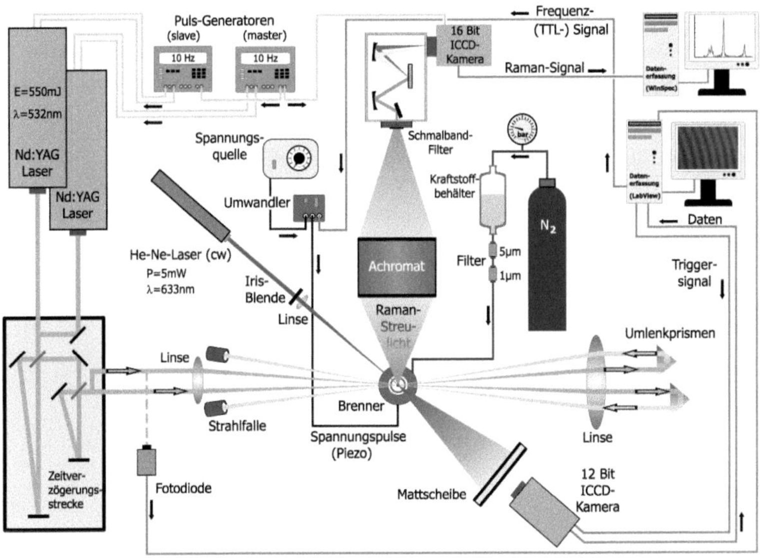

Abb. 31: Schematischer Aufbau des Raman-Streu-Experiments an der turbulenten pilotierten Vormischflamme mit integriertem Tropfengenerator und Mie-Streu-Konzept.

4.3 Datenerfassung und Auswertung

Die Erfassung der Beugungsspektren erfolgt digital mittels einer ICCD - Kamera (siehe Kap. 4.2), die hinter einer transparenten Mattscheibe positioniert ist und manuell getriggert wird. Der Aufnahmemodus ist für beide Arten der Beugungsmuster (Beugungsringe und Beugungsgitter) gleichartig und unterscheidet sich lediglich in

der Verwendung einer Bikonvexlinse (Beugungsringe), die den Laserstrahl auf die Tröpfchen im Jet fokussiert und auf deren Grösse hin reduziert [PL00, KHH91].
Zur Bestimmung des Tropfendurchmessers wird zunächst der Abstand der Beugungsringe zueinander über eine Länge von 50 Pixel und einem Abstand von 20 Pixel mittels einer Fast - Fourier - Transformation bestimmt (siehe Abb. 32). Unter Einbezug der Geometrie des experimentellen Aufbaus und dem Umrechnungsfaktor (Pixel pro cm), der aus vorausgegangenen Aufnahmen an einem definiertem Gitter bestimmt wird, lässt sich anhand von Glg. (20) der experimentelle Durchmesser errechnen.
In strenger Analogie wird der Tropfenabstand im Tröpfchenjet mit jedoch aufgeweitetem Laserstrahl detektiert, so dass das Prinzip der Beugung am opt. Gitter angewendet werden kann. Anhand des Umrechnungsfaktors und der geometrischen Beziehung rechnet sich der reale Abstand zwischen den Tröpfchen wie nach Glg. (21) [RAF91].
Die Wahl der Betriebsparameter (Frequenz, Flüssigkeit, Volumenstrom) beruht auf den entscheidenden Argumenten, der Projektion von scharfen Beugungsmustern und einer genügend hohen Anzahl von Beugungsmaxima auf der Mattscheibe unter den gegebenen Betriebsbedingungen, einem Tropfenjet im turbulenten Gasstrom und der inversen Tropfenstrahlrichtung (entgegen des Schwerekraftfeldes). Letzteres grenzte die Wahl der Flüssigkeit auf lediglich Ethanol ein, da mit allen anderen getesteten Flüssigkeiten (Methanol, Wasser, höhere Kohlenwasserstoffe) unter diesen Versuchbedingungen kein Tröpfchenstrahl zu erzeugen war. Entsprechend der Versuchsanordnung wird für einen stabilen Tropfenstrahl ein genügend hoher Flüssigkeitsdruck p benötigt, der hoch genug ist, um eine möglichst stabile und weitreichende Tropfensäule zu generieren. Die Frequenz f_G sowie die Spannung U an den Piezokeramik-Scheiben sind aufgrund der erzeugten Bildqualität aus der Studienarbeit [Leo04] entnommen.

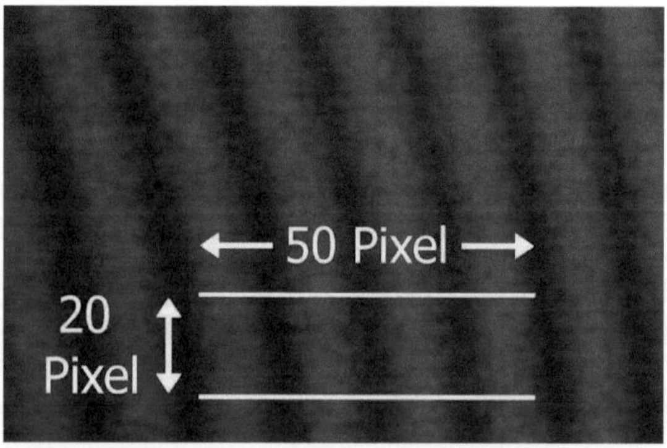

Abb. 32: Auswertebereich der Beugungsspektren

5 Ergebnisse

5.1 Das Strömungsfeld

Zum einem besseren Verständnis der Chemie-Turbulenz-Wechselwirkung in einer turbulenten Flamme liefert die Charakterisierung des Geschwindigkeitsfeldes $\vec{U}$ mit seinen Komponenten u (Axialrichtung) und v (Radialrichtung) der Flamme notwendige Informationen, die sich über das Messverfahren der Hitzdraht-Anemometrie CTA (*C*onstant *T*emperature *A*nemometry) ermitteln lässt [Jor02]. Dazu wird das gesamte Strömungsfeld $\dot{V}$ (Hauptströmung, Pilotströmung und Coflow) an Luft anhand einer Drei-Draht-Sonde unter realen Strömungsbedingungen hochauflösend 2-dimensional gemessen, wobei die Luftstromverteilung massgeblich durch die Hauptströmung u definiert ist. Kalibriert wird das CTA-System an einer Kalibrierdüse mit definierter Austrittsöffnung an mehreren voreingestellten Luftströmungen (Tab.1), deren Austrittsgeschwindigkeiten u sich mittels der Kontinuitätsgleichung errechnen lassen.

Nr.	$\lvert u \rvert$ [m/s]	$\dot{V}_{\text{soll}}$ [l/min]	$\dot{V}_{\text{ist}}$ [l/min]
01	00,00	00,00	00,00
02	02,22	10,36	10,35
03	04,44	20,91	20,90
04	06,67	31,42	31,40
05	08,89	41,90	41,90
06	11,11	52,33	52,30
07	13,13	62,78	62,60
08	15,56	73,30	73,50
09	17,78	83,74	83,50
10	20,00	94,20	94,20

Tab. 1: Kalibrierdaten zur CTA-Methode. Die Abweichung bei höheren Volumenströmen ist auf die unzureichende Steuerung der Volumenstromregler, bzw. deren Regeleinheit zurückzuführen. Der daraus resultierenden maximale Fehler liegt unter einem Prozent.

Das Strömungsfeld des Brenners wurde mit einem Hitzdrahtanemometer der Fa. Dantec[5] [Jor02] mit einer Repitionsrate von f = 1024 Hz bei real-betriebenen Volumenströmen von $\dot{V}^m$ = 44 l/min (*M*ainstream) und $\dot{V}^p$ = 4.5 l/min (*P*ilotstream) vermessen. Die Messergebnisse liefern Daten, die sich in zwei Richtungskomponenten splitten, der (axialen) Hauptstromrichtung u sowie die komplementäre radiale (senkrecht zur Hauptstromrichtung) v. In Abb. 33 sind die Mittelwerte beider Stomrichtungen dargestellt: Die Hauptstromrichtung u, die quantitativ das Geschwindigkeitsfeld in Falschfarbendarstellung darstellt und bestimmt, sowie die radiale Komponente v, die in vektorieller Form (Vektorfeld, gelbe Pfeile) an die Hauptstromkomponente u gekoppelt ist. Beide Geschwindigkeitskomponenten qualifizieren das

[5] Streamware Version 2.08, Fa. Dantec MT

gesamte Geschwindigkeitsfeld, in welchem die Strömung des Hauptstrahls gegenüber denen des Piloten und Coflows um den Faktor 10 überwiegt.

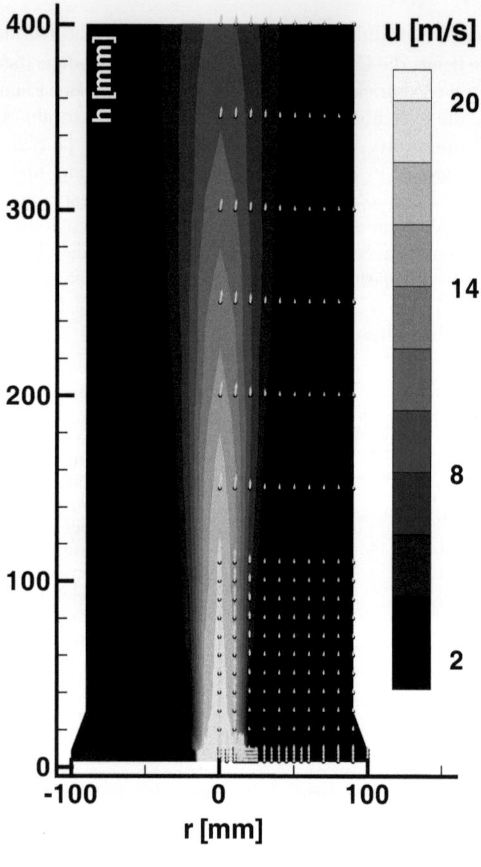

Abb. 33: Strömungsfeld in Hauptstrahlrichtung u am pilotierten Freistrahlbrenner in Falschfarbendarstellung. Zwischen den einzelnen Messpunkten wurde linear interpoliert. Die radiale Strömungskomponente v ist in Verbindung mit der Hauptstrahlrichtung in vektorieller Form angegeben.

Wegen des Grössenunterschieds zwischen Haupt- und Pilotstrom ist zuletzt genannter in der Gesamtdarstellung sehr schwer erkennbar. Daher sind im speziellen die Pilotstromeigenschaften in der Graphik von Abb. 34 und 35 in einer anschaulichen

2D - Ansicht dargestellt, indem die Volumenstromkomponenten u und v über den Radius r in verschiedenen Höhen aufgetragen sind.

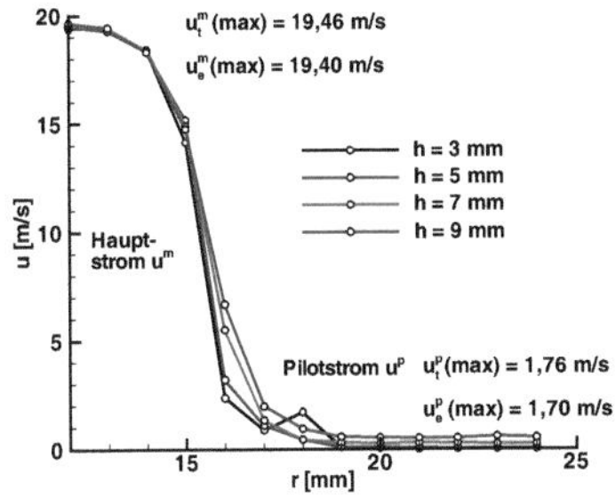

Abb. 34: Ausschnittsvergrösserung der Luftströmung in Hauptstrahlrichtung u zur Darstellung des Piloten bei r = 18 mm.

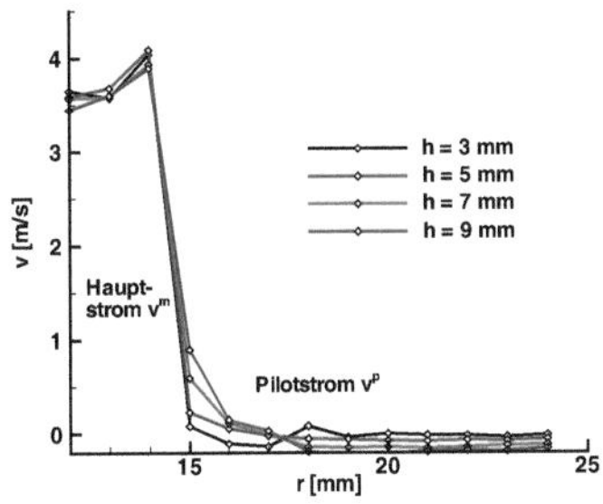

Abb. 35: Ausschnittsvergrösserung der Luftströmung der radialen Komponente v zur Hauptstrahlrichtung u zur Darstellung des Piloten bei r = 18 mm.

Lediglich in unmittelbarer Nähe über dem Ringspalt (3 mm ab Brennerkopf bei einem radialen Verfahrweg von r = 18 mm, schwarze Linie in beiden Abbildungen) ist der Pilotstrom zu erkennen. Wegen der endlichen Ausdehnung der Messsonde von $\approx$ 10 mm ist eine exakte Positionierung auf der Abszisse (radialer Richtung) nur sehr schwer möglich, so dass die Absolutwerte der radialen Positionen mit einem Fehler von $\pm$ 3 mm behaftet sind, die Positionen relativ zueinander durch die Steuereinheit mit einer Genauigkeit von $\pm$ 10 μm zueinander liegen. Der Fehler der Hauptströmung u ermittelt sich aus dem berechneten u_t (max) und experimentellen (gemittelten) Wert u_e (max) zu < 1 % im direkten Vergleich zum Piloten von $\simeq$ 4 %. Der Grössenunterschied der Fehler begründet sich zum einen durch ebensolchen in den Geschwindigkeiten u^{p} und u^{m}. Die nach Tab. 1 kalibrierte CTA-Methode umspannt ein Strömungsgeschwindigkeitsfeld von $0 \leq u \leq 20$ m/s, dessen Messgenauigkeit vielmehr im mittleren bis oberen Geschwindigkeitsbereich liegt und kleinere Volumenströme mit einer höheren Unsicherheit zu verstehen sind. Zum anderen Teil des Fehlers muss sowohl die Grösse des Ringspaltes in Bezug auf den Durchmesser der Messsonde betrachtet werden. Die Drei-Draht-Sonde ist um den Faktor 7 grösser als der Ringspalt und detektiert eine Strömung über den gesamten Durchmesser. Bei einem Ringspalt von Δ r = 1.5 mm muss damit gerechnet werden, dass die Messdrähte der Sonde nicht gleichmässig über die ganze Länge vom Luftstrom umgeben sind und es dabei zu lokalen Inhomogenitäten kommt.

5.2 Pilotierte Freistrahlflamme im Einphasenbetrieb

Die Berechnung von Molenbruch und Temperatur erfolgt über die Bestimmung der Signalflächen, wie sie in Kap. 3.2 erörtert wurden. Hierzu werden vorab die ermittelten Signalflächeninformationen jeder Spezies mit den errechneten Werten aus Flamelet-Rechnungen verglichen (siehe Kap. 2.1.2).
Dieser Zwischenschritt erwies sich als notwendiges Hilfsmittel, um Fehler in der Bestimmung der Signalflächen im Vorfeld zu erkennen.

5.2.1 Korrelation der Flächen

Bevor auf die flammenparametrischen Grössen bezug genommen wird, muss in einem Zwischenschritt die Richtigkeit der ausgewerteten Signalflächen bestätigt werden. Dazu werden die experimentellen Daten, die in einer Messhöhe von h=70.0 mm über die radialen Messpunkte von r=0.0/10.0/20.0/30.0/40.0 mm aufgenommen wurden, betrachtet und mit den berechneten Flameletdaten verglichen.
Die detaillierten Flammenrechnungen basieren auf einer mittleren Streckungsrate von $-10^4\ s^{-1}$ und repräsentieren die Flächeninformtionen bei derselben Messhöhe.

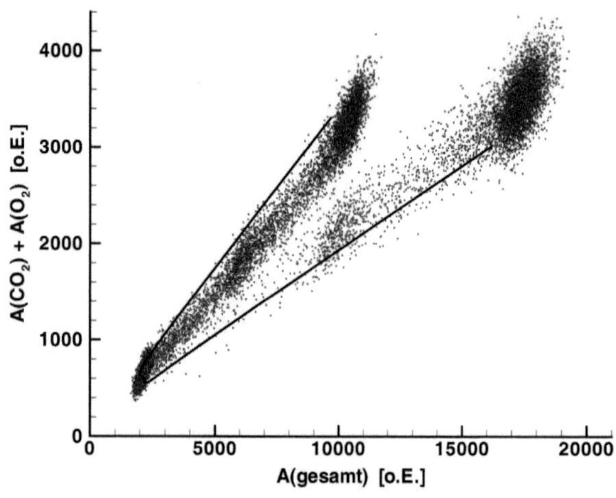

Abb. 36: Flamelets (durchgezogene Kurve) und experimentelle Datenpunkte der Flächen der von CO_2 und O_2 über die Gesamtfläche. Die Daten wurden auf einer konstanten Höhe von h = 70 mm aufgenommen, wobei radial von der Mittellinie (r = 00 mm) in 10 mm-Schritten auf r = 40 mm verfahren wurde.

In Abb. 36 ist die Summe der Flächen der spektralen Raman-Signaturen von CO_2 und O_2 über die Gesamtfläche A (gesamt) des Ramanspektrums aufgetragen. Zur Orientierung dient die durchgezogene Linie, die den errechneten Flächen der Flamelets entspricht.
Die experimentellen Flächenwerte von Frischgas bis hin zur verbrannten Phase (r = 00 - 20 mm) entsprechen in grober Näherung den Daten der Flamelets (rechter Kanal), wohingegen sich die Werte von der verbrannten Gasphase nach aussen hin zur Luft (r = 20 - 40 mm) von den der Flamelets mit einem kleinem negativen Offset, der vom anteiligen Sauerstoff stammt, unterscheiden (linker Kanal). Hierbei ist zu erwähnen, dass die berechneten Parameter, die zur Berechnung der Flammendaten erforderlich sind, aus den Kalibrierdaten von Kap. 3.2.1 gewonnen und zur Berechnung der Flammendaten eingesetzt worden sind. Dieser Vergleich bietet die Grundlage für die weitere Auswertung von Molenbruch und Temperaturverteilung der pilotierten Vormischflamme.

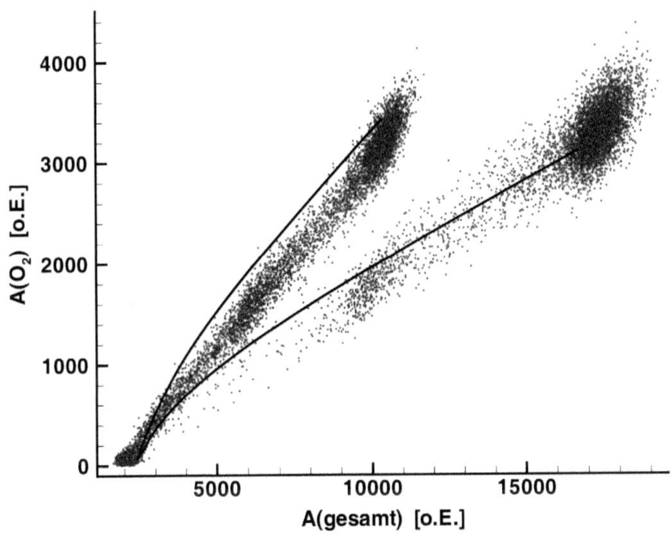

Abb. 37: Flamelet (durchgezogene Kurve) und experimentelle Daten der Gesamtfläche gegenüber der von O_2.

Betrachtet man hingegen die dem Sauerstoff alleinige Signalfläche gegenüber der Gesamtfläche, erkennt man wiederum für den rechten Zweig, der die Zonen unverbrannt (Frischgas) bis verbrannt wiederspiegelt, einen dem Flameletflächen übereinstimmenden Verlauf. Mit zunehmenden Abstand von der Brennermitte (linker Ast) erhöht sich die Flächendifferenz für O_2, da sich die berechneten Flächenwerte aus dem Experiment zu den Werten der Flamelets unterscheiden (Abb. 37) und sich dieses Verhalten in der Flächenbetrachtung in Summe von CO_2 und O_2 in Abb. 36 überträgt. Die Absolutwerte der Flächen für O_2 im Fall des linken Astes liegen mit ca. 8 % unterhalb der errechneten Flameletdaten und bewegen sich im Bereich der rechten Flanke durchschnittlich bei 4 %.

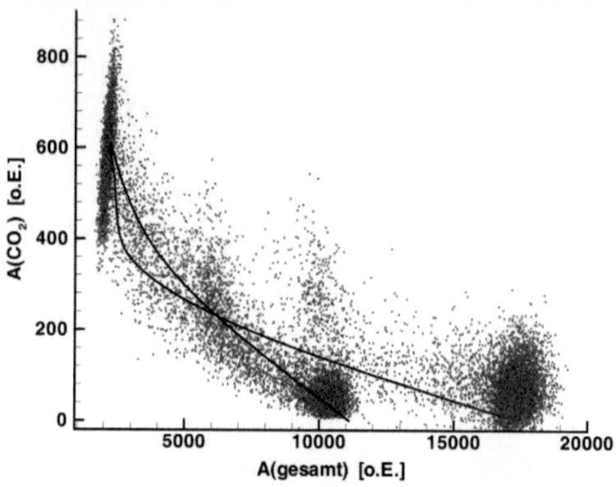

Abb. 38: Flamelet (durchgezogene Kurve) und experimentelle Daten der Gesamtfläche gegenüber der von CO_2.

Beim Kohlendioxid in Abb. 38 lassen sich im Übergang vom unverbrannten bis hin zum verbrannten Gasgemisch (flachere Flanke) partielle Anhäufungen erkennen, die von einer starken Streuung begleitet werden. In solchen Mischzonen, in denen verbrannte als auch unverbrannte Anteile des Gasgemisches vorzufinden sind, herrschen ungleichmässige Konzentrationsverteilungen der Spezies CO_2 und O_2 vor, die aufgrund der erschwerten Signalflächenauswertung zwangsläufig zu einer erhöhten Streuung von Kohlendioxid führt. Die lokalen Häufungspunkte in der Mischzone dagegen finden ihren Ursprung in einer Detektionseinstellung des Kamerasystems, die im Rahmen eines Serviceeinsatzes des Herstellers fälschlicherweise eingestellt wurde. Die Folge dieser Kameraeinstellung sind gemittelte Ramanspektren zweier aufeinanderfolgenden Einzelaufnahmen, die sich in den Übergangszonen zwischen verbranntem und unverbranntem Gasgemisch primär in den Spezies CO_2 und O_2 bemerkbar machen. Zu diesem Themenpunkt wird in Kap. 7 gesondert eingegangen. Neben einer allgemeinen hohen Streuintensität für das CO_2 sind die Flächenwerte im Frischgasbereich von Null verschieden. Dieser Sachverhalt begründet sich im wesenlichen durch die schwach ausgeprägten Obertöne des CH_4 - Ramansignals, die sich mit dem Auswertebereich von CO_2 überlagern und zu erhöhten CO_2-Werten führen [Eck96].

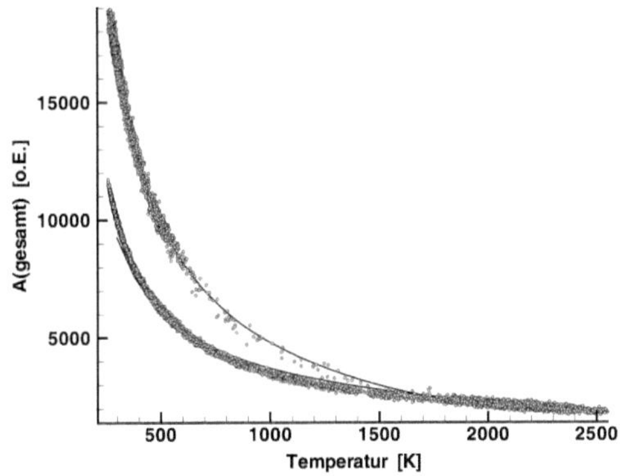

Abb. 39: Flamelet (durchgezogene Kurve) und experimentelle Daten der Gesamtfläche gegenüber der Temperatur.

In Abb. 39 ist die Fläche des gesamten Ramanspektrums über die Temperatur aufgetragen. In ihr decken sich die Daten aus Experiment und Flameletberechnungen sehr genau. In den Übergangszonen sowie in den äussersten Randbereichen sind leichte Abweichungen von den Flameletdaten zu erkennen, die mit den oben erläuterten Abweichungen der Signalflächen für CO_2 und O_2 jedoch konform gehen; ihr maximaler Fehler liegt bei 3.5 %.

5.2.2 Molenbruch und Temperaturverteilung

Im folgenden Abschnitt sind die berechneten Molenbrüche, die aus den Flächenwerten nach Glg. (31) ermittelt wurden, für die Spezies i aufgeführt. Die ortsaufgelösten Daten sind in Ortskoordinaten (r = radial, h = Höhe) dargestellt, wobei zwischen den einzelnen Messpunkten linear interpoliert wird. Anhand dieser ortsabhängigen Darstellungsweise bekommt man einen Einblick in die räumliche Struktur der Flammen, die wichtige Hinweise für die Entwicklung in der mathematischen Modellierung geben.

In den Abbildungen 40 - 44 bringen die Spezies CO_2, O_2, CO, CH_4 und H_2O den Verlauf des Molenbruchs über das Flammenfeld hervor. Im Fall von CO_2 (Abb.40), der als Indikator für verbrannte Zonen angesehen werden kann, ist der Molenbruchverlauf von unverbrannt ($x_{CO_2} = 0.00$, dunkle Zonengebiete) über verbrannte Zonen mit Luftbeimischung bis hin zu den vollständig verbrannten Gebieten (helle Zonengebiete), die sich mit einem Molenbruch - Spitzenwert von $x_{CO_2} = 0.068$ bei einem Äquivalenzverhältnis von $\Phi = 1.15$ im chemischen Gleichgewicht befinden.

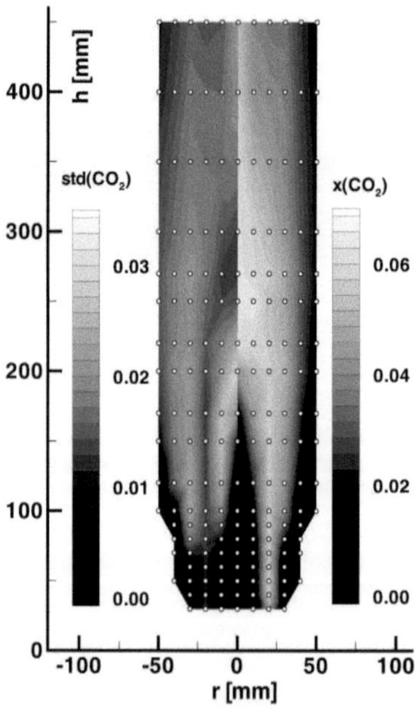

Abb. 40: Mittelwertsdarstellung in Falschfarben des Molenbruchs von CO_2 (rechts) mit Standardabweichung (links).

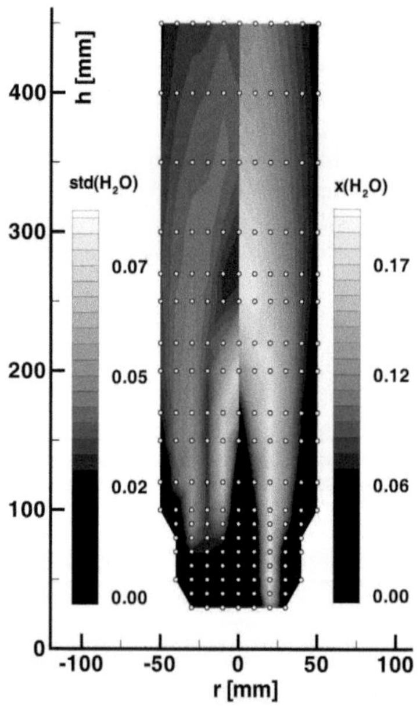

Abb. 41: Mittelwertsdarstellung in Falschfarben des Molenbruchs von H_2O (rechts) mit Standardabweichung (links).

Ausgehend von der Mittelachse des Brenners bei r = 0.0 mm ist der Frischgaskegel im unteren Teil der rechten Darstellungshälfte zu erkennen, der durch die Pilotflamme bei r = 18.0 mm begrenzt wird und nach aussen zur Umluft durch den Coflow abschliesst. In axialer Richtung erstreckt sich der Frischgaskegel im Mittel bis auf eine Höhe h von ca. 180 mm und geht über eine Übergangszone, in welcher unverbrannte und verbrannte Gasphasen gleichermassen vorkommen, (h = 180 - 220 mm) in die vollständig verbrannte Zone bei einer Höhe von 220 mm - 300 mm ein. Mit zunehmender Höhe und ansteigendem Radius sinkt allmählich der Molenbruch des Verbrennungsprodukts x_{CO_2}, bis er durch die immer höhere Beimischung von Aussenluft gegen Null konvergiert. An diese Verteilung reiht sich analog das Reaktionsprodukt H_2O (Abb. 41), dessen Maximun in dieser Versuchsreihe sich auf $x_{H_2O} = 0.193$ im Mittel beläuft. Die Verteilung von Wasser gleicht der des Kohlendioxids, da beide Spezies als Verbrennungsprodukte dieselbe Entstehungsgrundlage haben, sich aber durch unterschiedliche Konzentrationswerte auszeichnen.
Die linken Hälften in den Abbildungen repräsentieren die dazugehörenden Standardabweichungen. Eindeutig definierte Gasphasen wie z.B. die Frischgasphase oder reine Luft zeichnen sich durch eine kleine Standardabweichung aus. Dagegen sind in Übergangszonen relativ hohe Standardabweichung zu erkennen.
Kohlenmonoxid (Abb.42) als Edukt für die Bildung von CO_2 bildet sich zeitlich versetzt in den unmittelbaren Regionen in der Flamme, in denen sich das CO_2 bildet, jedoch ist der Molenbruch x_{CO} im Bereich des chemischen Gleichgewichts um den ungefähren Faktor 1.5 geringer als bei x_{CO_2}. Das Signal von CO korreliert mit dem von N_2 ähnlich wie bei CO_2 und O_2 (siehe Abb.21) und bildet hinsichtlich dessen dieselbe Auswerteproblematik. Wegen des ungünstigen Molenverhältnisses von CO und N_2 ($x_{CO}/x_{N_2} \simeq 0.7 \cdot 10^{-3}$ für $\Phi = 0.95$), liegt das Signal von CO zu einem grossen Teil innerhalb der Rotationsbanden des Stickstoffsignals. Diese Tatsache macht die Auswertung nach dem Vorbild von CO_2 und O_2 unmöglich, sodass die Ramansignale von CO und N_2 mit einer festen Integrationsgrenzen ausgewertet wurden, die das Signaldublett in zwei Flächenpaare splittet. Aufgrund des dominanten Stickstoffsignals gegenüber CO ist der Fehler, der dadurch generiert wird, für N_2 relativ gering. Für Kohlenmonoxid dagegen muss mit einen erhöhten Fehler gerechnet werden, der den Absolutwert als kritisch zu betrachten lässt.
CH_4 ist nur im Bereich der Frischgasphase (Abb.43) zu detektieren und ist abgeschirmt von beimischender Umluft durch die Pilotflamme. Der Maximalwert liegt für den mageren Hauptjet bei $x_{CH_4} = 0.092$ und liegt mit einem Fehler von $< 1\,\%$ unter dem vorgegebenen theoretischen Wert.

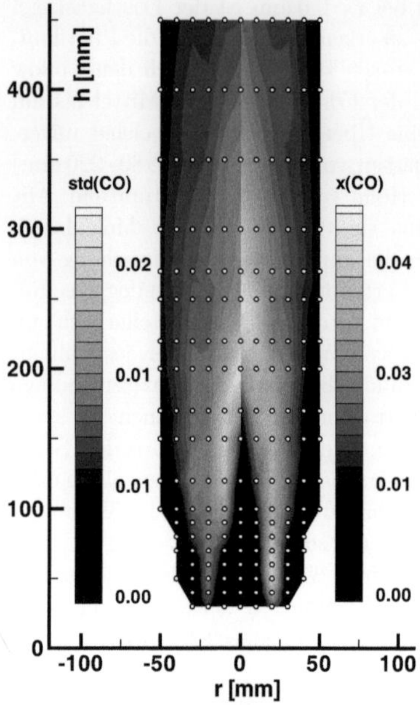

Abb. 42: Mittelwertsdarstellung in Falschfarben des Molenbruchs von CO (rechts) mit Standardabweichung (links).

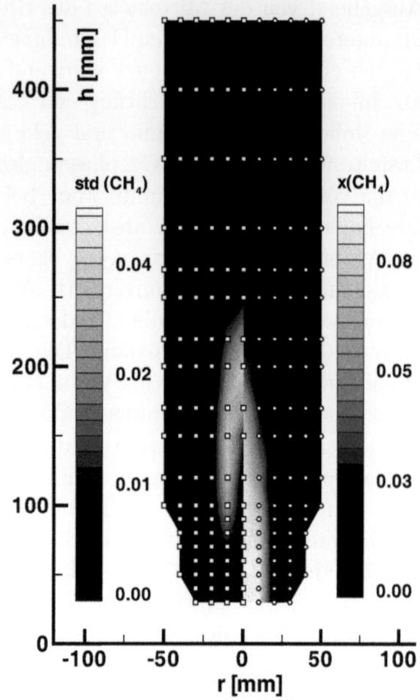

Abb. 43: Mittelwertsdarstellung in Falschfarben des Molenbruchs von CH_4 (rechts) mit Standardabweichung (links).

Der Molenbruch von Sauerstoff (Abb.44) liegt mit einen Maximalwert von ca. 0.21 in der Frischgaszone und erreicht sein Minimum in den verbrannten Flammenzonen. In den Randgebieten steigt das Sauerstoffvorkommen durch die zunehmende Aussenluftbeimischung wieder an.

Unter Einbezug aller ermittelten Molenbrüche x und dem idealen Gasgesetz stellt sich die Temperatur T wie in Abb. 45 dar. Sein ermittelter Maximalwert in Zonen eines vollständig verbrannten Gasgemisches und einem Äquivalenzverhältnis von $\Phi = 0.98$ beträgt $T = 2110\,K$. Sowohl in den unteren Randbereichen als auch im Frischgaskegel liegt die Umgebungstemperatur, die an unterschiedlichen Messtagen mit einer Unsicherheit von $\pm 3\,K$ angegeben wird, bei $295\,K$.

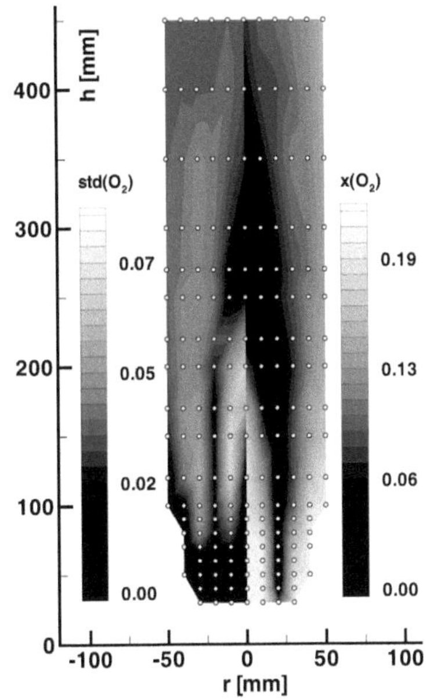

Abb. 44: Mittelwertsdarstellung in Falschfarben des Molenbruchs von O_2 (rechts) mit Standardabweichung (links).

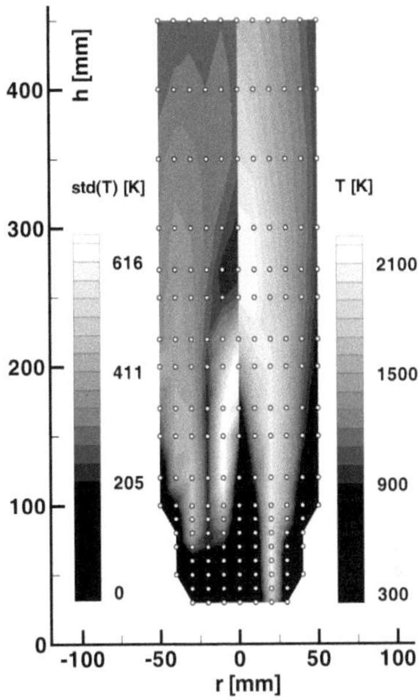

Abb. 45: Mittelwertsdarstellung in Falschfarben der Temperatur (rechts) mit Standardabweichung (links).

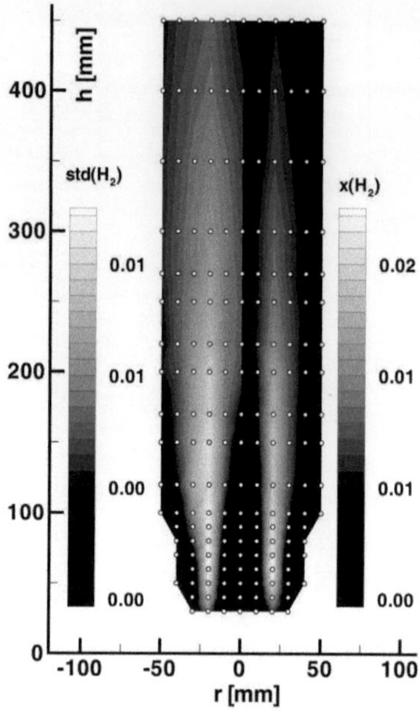

Abb. 46: Mittelwertsdarstellung in Falschfarben des Molenbruchs von H_2 (rechts) mit Standardabweichung (links).

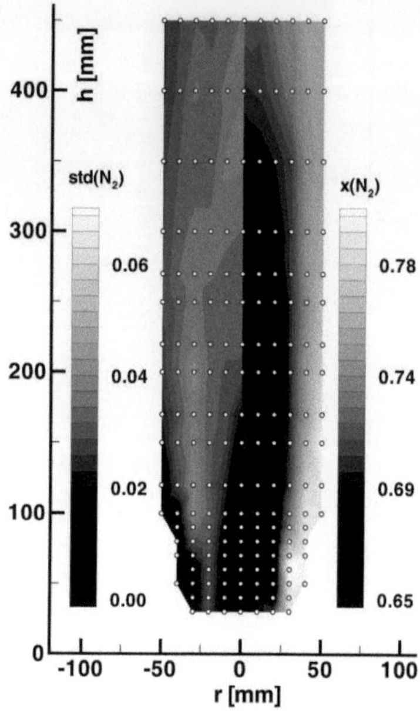

Abb. 47: Mittelwertsdarstellung in Falschfarben des Molenbruchs N_2 (rechts) mit Standardabweichung (links).

Die Standardabweichung ist ein Mass für die Abweichung der Einzelmesswerte um ihren Mittelwert und gibt bei genügend hoher Anzahl von Einzelmessdaten eine Schwankungsbreite (Varianz) wieder, die sich aus Messunsicherheiten im Messsystem und der turbulenten Schwankung zusammensetzt (siehe auch Kap. 3.2.5, Glg. (38)). Da lediglich der Einfluss der turbulenten Schwankung in der pilotierten Vormischflamme in der weiteren Betrachtung von Interesse ist, wird zunächst der Anteil der Varianz, der sich aus dem Messsystem bildet, anhand einer laminaren McKenna-Flamme bestimmt und in einem zweiten Schritt von der gesamten Schwankungsbreite, die an der turbulenten Flamme bestimmt wurde, subtrahiert, um so die rein statistische Schwankung zu erhalten. Es wird davon ausgegangen, dass das experimentelle Rauschen und turbulente Fluktuationen statistisch unabhängig sind und die Varianz in Bezug auf Messunsicherheit in turbulenten Flammen ebenso gross ist wie bei den Messungen an laminaren Flammen, die am McKenna-Brenner durchgeführt worden sind.

Hierzu wird eine laminare McKenna-Flamme, die sich im chemischen Gleichgewicht befindet, zur Messunsicherheitsanalyse des Messsystems verwendet, die ermittelten

Standardabweichungen sind in Tab. 2 dargestellt. Unter der differenzierten Betrachtung für die Molenbrüche geht für ein fettes Gasgemisch ($\Phi = 1.45$) hervor, dass die Varianz aus dem Messsystem zwischen 16 % und 17 % für H_2O, bzw. CO_2 liegen. Die Schwankungen, die aus den Spezies CO und H_2 hervorgehen, bleiben wegen einer zu hoher Streuung unberücksichtigt. Die hohe Streuung von CO liegt zum einen an der beschriebenen Problematik der Signalüberschneidung (vgl. Kap. 3.2.2), im Fall von H_2 zum anderen an dem sehr schwachen Raman-Signal und der damit verbundenen schweren Auswertbarkeit aufgrund eines sehr hohen Signal-zu-Rausch-Verhältnisses. Sauerstoff und Methan haben sich in den Gasgemischzusammensetzungen der laminaren Vormischflammen am McKenna - Brenner vollständig verbraucht, ihre Schwankungen, die aus dem Messsystem hervorgehen, lassen sich daher nicht bestimmen.

Spezies i	Molenbruch x_i [o.E.]	Std (laminar) [o.E.]	rel. Abweichung [%]
CO_2	0.058	0.01	17.1
CO	0.053	0.014	25.8
N_2	0.642	0.038	5.9
H_2O	0.183	0.029	15.8
H_2	0.017	0.007	42.4

Tab. 2: Standardabweichungen Std_i der Molenbrüche einer laminaren Flamme nach Tab. 9, Zeile 11.

Spezies i	Molenbruch x_i [o.E.]	Std (turbulent) [o.E.]	rel. Abweichung [%]
CO_2	0.086	0.019	21.5
CO	0.042	0.012	28.9
N_2	0.652	0.043	6.6
H_2O	0.189	0.034	18.2
H_2	0.004	0.005	119.0

Tab. 3: Standardabweichungen Std_i einer turbulenten Flamme, aufgenommen in einer Höhe von h = 270 mm auf der Brenner-Mittelachse (r = 00 mm).

Um einen möglichst exakten Vergleich beider Flammentypen zu schaffen, wurde ein Punkt in der turbulenten Freistrahlflamme gewählt, der sich in Anlehnung an die laminare Kalibrierflamme durch einen Zustand chemischen Gleichgewichts auszeichnet und sich in der turbulenten Flamme bei den Koordinaten r = 00 mm und h = 270 mm befindet. In Tab. 3 sind die Ergebnisse der Molenbrüche aufgelistet. Die Standardabweichungen der laminaren McKenna-Flammen sind für CO und H_2 ebenso unrealistisch hoch wie die aus der turbulenten Vormischflamme. Eine reelle Bestimmung der statistischen Schwankung ist daher für diese beiden Spezies nicht möglich. Lediglich für H_2O, CO_2 und N_2 lassen sich die Standardabweichungen an der laminaren Vormischflamme bestimmen und einen Vergleich zur turbulenten Flamme ziehen, aus welchem eindeutig hervor geht, dass der grösste Anteil der

Standardabweichung im turbulenten Flammenbetrieb zu Lasten des Messsystems geht.
Vergleicht man diese Daten mit der Arbeit von [Ste02], findet man eine ähnlich hohe Schwankungsbreite, die allein vom Messsystem stammt. Ein Überblick der Standardabweichungen jeder Spezies sind in den linken Darstellungshälften in den Abbildungen 40 - 47 zu sehen.

5.2.3 Der Mischungsbruch

Eine der wichtigsten Messgrössen, die in diesem Experiment herausgearbeitet werden, ist neben den Molenbrüchen x_i der Spezies der Mischungsbruch F [SB85]. Er gibt den Massenanteil des Methan-Luft-Gemisches (Hauptstrom) zur Umgebungsluft (Zustrom) in einem Mischungsfeld an und gewährt einen tieferen Einblick in die komplexen Wechselwirkungen zwischen strömungsmechanischen und reaktionskinetischen Vorgängen bei turbulenten Verbrennungsvorgängen. Durch die simultane Messung aller Hauptspezies lässt sich der Mischungsbruch F_α des Elementes α bestimmen, deren Grösse das lokale Mischungsverhältnis der Elementmassen eines Zwei - Strom - Problems wiedergibt

$$F_\alpha = \frac{Z_\alpha - Z_{\alpha,2}}{Z_{\alpha,1} - Z_{\alpha,2}} \quad , \tag{39}$$

wobei Z_α den Elementmassenbruch des Elements α darstellt. In Glg. (39) stehen für den ersten (Haupt-) Strom, der das vorgemischte Frischgas des Freistrahls berücksichtigt, Index 1, und Index 2 für den zweiten, den Zustrom der Umgebungsluft durch Coflow, durch dessen Beimischung der Hauptstrom massgeblich beeinflusst wird. Der Mischungsbruch ist unabhängig von der Wahl des zu betrachtenden Elementmassenbruchs Z_α, solange die Diffusionskoeffizienten für alle Spezies gleich sind und die molekulare Diffusion für den Stofftransport keinen wesentlichen Beitrag leistet. Um den Mischungsbruch für alle Elemente gemeinsam zu betrachten, wird in dieser Arbeit auf die Definition von Bilger zurückgegriffen. Nach [Bil89, XZ03] stellt sich dann der Mischungsbruch F dar wie

$$F = \frac{2Z_{\mathrm{C}}/W_{\mathrm{C}} + \frac{1}{2}Z_{\mathrm{H}}/W_{\mathrm{H}} + (Z_{\mathrm{O},2} - Z_{\mathrm{O}})/W_{\mathrm{O}}}{2Z_{\mathrm{C},1}/W_{\mathrm{C}} + \frac{1}{2}Z_{\mathrm{H}}/W_{\mathrm{H}} + Z_{\mathrm{O},2}/W_{\mathrm{O}}} \quad . \tag{40}$$

Z_α ist der Elementmassenbruch des Elementes α mit $\alpha = \mathrm{C}$, H und O im Brennstoff (1), bzw. Zustrom (2) und W_α die dazugehörige Atommasse. Die Vorteile des Mischungsbruches F nach Glg. (40) liegen in der linearen Abhängigkeit zu den Elementmassenbrüchen der Stoffströme Brennstoff/Oxidationsmittel zur Umgebungsluft. Störeinflüsse, beispielsweise durch Einmischung von Aussenluft, verändern den Mischungsbruch in der Form, indem die Werte der Massenbrüche des Zustroms (Index 2) ansteigen, die des vorgemischten Hauptstromes (Index 1) unverändert bleiben. Die Folge dieser Änderung der Gasgemischzusammensetzung ist eine Änderung des Mischungsbruchs, wie es in Abb. 48 deutlich wird. Die Skalierung von F

bezieht sich auf den Hauptstrom des vorgemischten Methan - Luft - Gemisches bei einem Äquivalenzverältnis von $\Phi_{Main} = 0.95$, der Mischungsbruch F errechnet sich auf dieser Basis auf den Wert eins. Mit zunehmendem Radius r auf gleicher Höhe h treten Veränderungen des Gasgemisches durch Übergang in die fette Pilotflamme von $\Phi_{Pilot} = 1.15$ auf und erhöhen den Kohlenstoff-/Wasserstoffanteil im Hauptstrom (Index 1). Die Folge ist eine Erhöhung des Mischungsbruchs nach Glg. (40) auf F = 1.21. Respektive sinkt F auf null ab, wenn sich bei grossem r im Detektionsbereich lediglich Umgebungsluft befindet (fehldende C - H - Anteile im Hauptstrom). Der Mischungsbruch F variiert auf gleichbleibender Höhe bei diesen vorliegenden Mischungsverhältnissen in einem Intervall wie $0.00 \leq F \leq 1.21$ bei den dafür zugrundeliegenden Elementmassenbrüchen $Z_{O,Oxi} = 0.2212$, $Z_{C,Fuel} = 0.0374$, $Z_{H,Fuel} = 0.0126$ und $Z_{C,Oxi} = Z_{H,Oxi} = Z_{O,Fuel} = 0.00$).

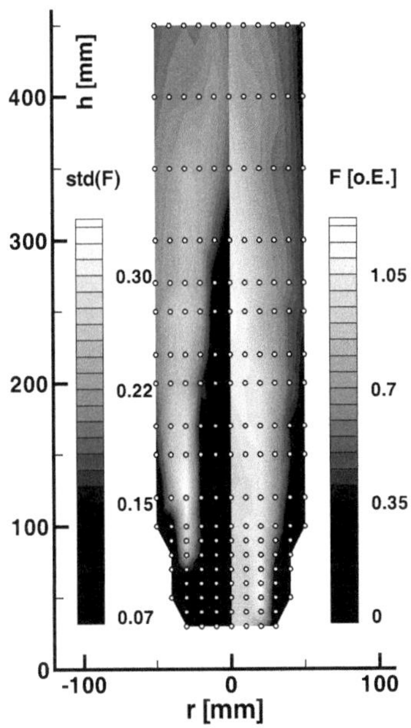

Abb. 48: Rechte Hälfte: Mittelwertsdarstellung des Mischungsbruchs über den gesamten Flammenbereich der pilotierten Freistrahlflamme.
Linke Hälfte: Standardabweichung.

In den folgenden Abbildungen sind die Einzelmessdaten des Molenbruchs aller Spezies über den Mischungsbruch in Form von Scatterplots aufgetragen. Die Daten stammen aus Messungen, die in einer Höhe von 70.0 mm aufgenommen worden und indentisch mit denen zur Bestimmung der Flächenkorrelationen (Kap. 5.2.1) sind.
Am Beispiel von CO_2 soll die Änderung des Mischungsbruchs in Abhängigkeit der Messpunkte im Flammenfeld erklärt werden. Ausgegangen wird von der Brennermittelachse bei r=0.0 mm im Bereich des Frischgaskegels. In diesem Bereich, der

sich bis zu r=10.0 mm erstreckt, ist F=1.0 bei einem Molenbruch von x_{CO_2}=0. Diese Datenpunkte entsprechen in Abb. 49 die Häufungspunkte nahe der x-Achse. Die Skalierung sei hier nochmals erwähnt und liegt auf dem Methan-Luft-Gemisch der Hauptflamme bei Φ=0.95 . Bei r=20.0 mm befindet sich das Messvolumen inmitten der Pilotflamme, die sich durch Φ=1.15 auszeichnet. An dieser Stelle erreicht der Mischungs- und Molenbruch ihren Maximalwert von F=1.21, bzw. x_{CO_2}=0.68 ; das entspricht dem oberen Häufungspunkt in der Graphik.

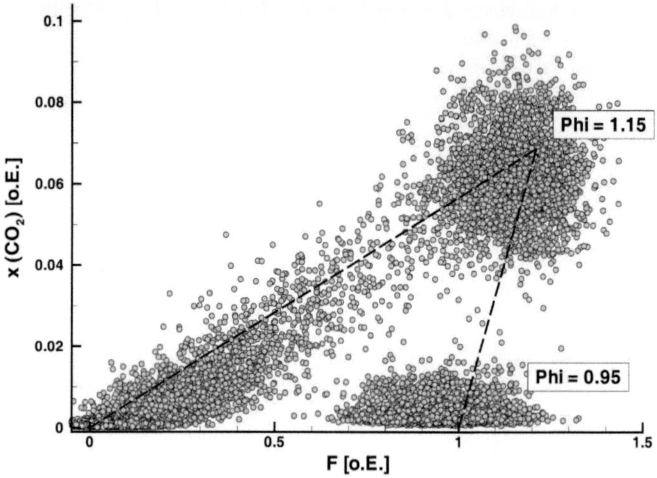

Abb. 49: Molenbruch von Kohlendioxid über den Mischungsbruch F bei einer Höhe h(r) = 70 mm.

Mit zunehmenden Radius (r > 20 mm) ändert sich die Gasgemischzusammensetzung zunehmend durch die Beimischung von Umluft, bis schliesslich das Gasgemisch nahezu aus reiner Luft besteht. Das entspricht der Messposition von r=40.0 mm, womit der Molenbruch von CO_2 und Mischungsbruch beide auf Null abfallen (Häufungspunkte links unten). Die theoretisch möglichen Zustände sind in dieser und den folgenden Graphiken durch die gestrichelte Linie als Orientierungshilfe dargestellt. Dasselbe Verhalten ist bei den Spezies CO und H_2O sowie bei der Temperatur zu beobachten. Da es sich bei diesen Spezies um Verbrennungsprodukte wie das CO_2 handelt, ist ihr Verlauf analog.

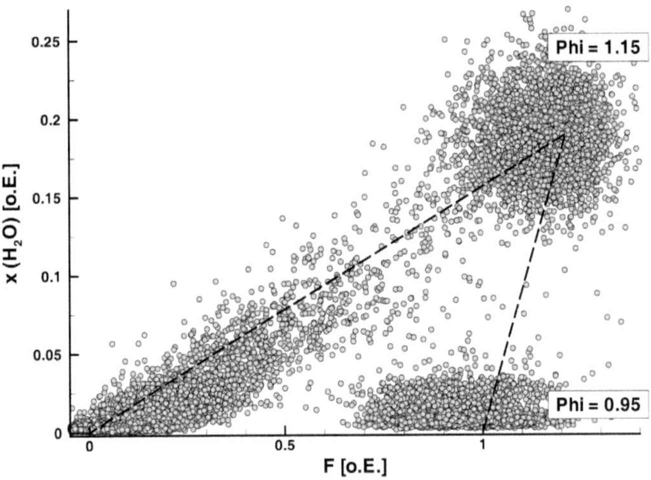

Abb. 50: Molenbruch von Wasser über den Mischungsbruch F bei einer Höhe h(r) = 70 mm.

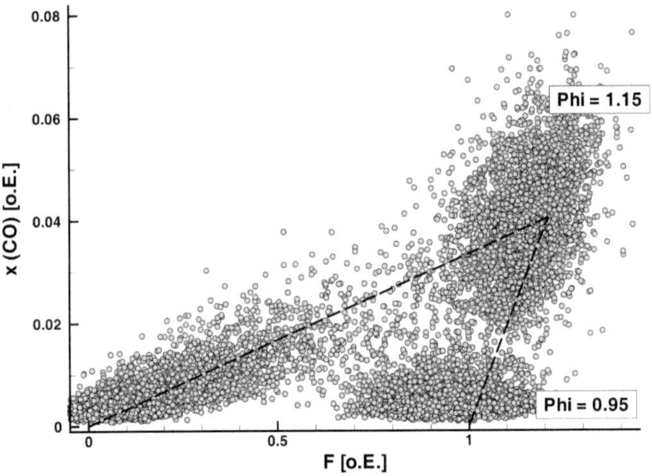

Abb. 51: Molenbruch von Kohlendioxid über den Mischungsbruch F bei einer Höhe h(r) = 70 mm.

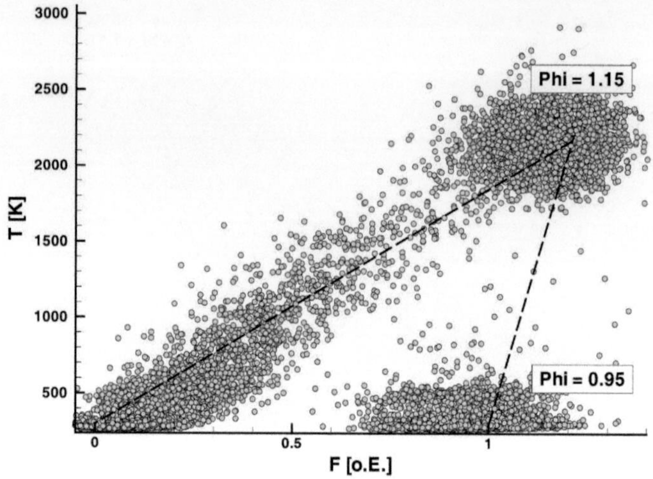

Abb. 52: Temperatur über den Mischungsbruch F bei einer Höhe h(r) = 70 mm.

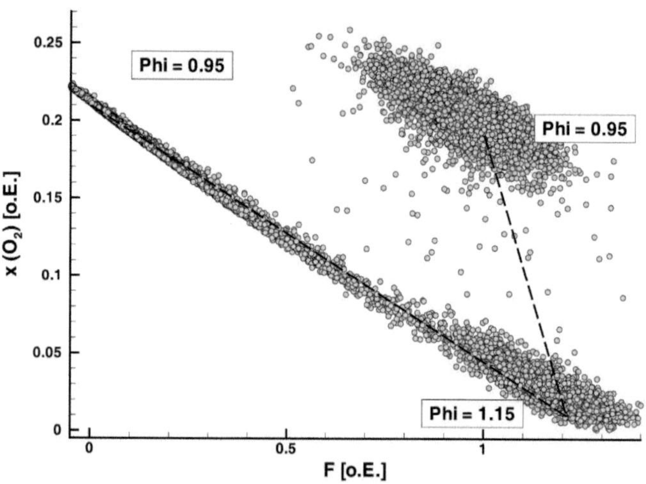

Abb. 53: Molenbruch von Sauerstoff über den Mischungsbruch F bei einer Höhe h(r) = 70 mm.

Anders dagegen verhält sich die Molenbruchentwicklung des Sauerstoffs über den Radius, der sich in den vollständig verbrannten Zonen zu Null aufbraucht (Abb. 53). Sein inverser Verlauf fällt mit erreichen der verbrannten Zone der Pilotflamme auf ein Minimum ab und erreicht mit zunehmender Aussenluftbeimischung bei r=40.0 mm wieder seinen Ausgangszustand.
Zwischen den verbrannten und unverbrannten Zuständen kommt es zu ausgeprägten Lücken, die von den deutlich abgegrenzten Zonen in der Flamme herrühren. Mit zunehmender Messhöhe verwischen die Grenzen zwischen den Flammenzonen, sodass die Häufungspunkte in einen gleichmässigen Verlauf übergehen. Da die Einzelmesspunkte allerdings eine sehr hohes Streuverhalten aufweisen, ist ein deutlicher Verlauf nur schwer erkennbar. Daher wurde auf die Darstellungen bei höheren Messpunkten verzichtet sowie auf die von Methan, Wasserstoff und Stickstoff. Im Fall von Stickstoff ändert sich der Molenbruch über alle Gasgemischzustandsformen nur geringfügig, während Methan nur in der Frischgaszone detektierbar ist und H_2 als Minoritätsspezies mit sehr hohem Streuverhalten keine Differenzierung zwischen den einzelnen Gasgemischzuständen zulässt.

5.3 Pilotierte Freistrahlflamme im Mehrphasenbetrieb

5.3.1 Tröpfchengrössen

Der Ramanspektroskopie im Mehrphasenbetrieb ging eine Versuchsmessung der Tröpfchengenerierung voraus, um diese mit den Daten der Studienarbeit [Leo04] abzugleichen. Dazu wurde zu mehreren Frequenzen $90\,\text{Hz} < f < 200\,\text{Hz}$ bei einer Spannung $U = 40\,\text{V}$ (an den Piezokeramiken) und einem Flüssigkeitsdruck $p = 4.0\,\text{bar}$ Beugungsspektren in einer Höhe von $h \simeq 17.0\,\text{mm}$ ab Austrittsöffnung der Generatorspitze auf der Mittelachse des Brenners (r=0.0 mm) aufgenommen (Abb. 54 - 55).

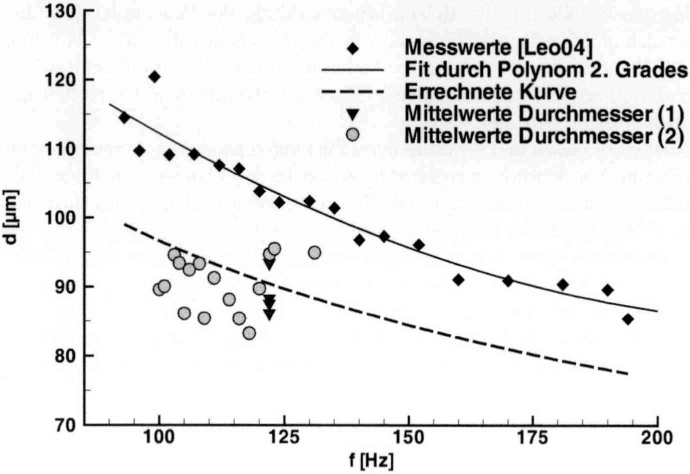

Abb. 54: Änderung des Tropfendurchmessers d in Abhängigkeit von der Anregungsfrequenz f. Gemessen wurde mit Ethanol bei einem Druck von 4.0 bar und einem Durchmesser der Lochblende von 50 μm.

In Abb. 54 sind die Messergebnisse der ermittelten Tröpfchendurchmesser, die am Freistrahlbrenner unter turbulentem Luftstromeinfluss aufgenommen worden sind (Dreiecke und Kreise), denen aus der Studienarbeit (Rauten) gegenübergestellt. In einem ersten Schritt wurden Beugungsspektren bei verschiedenen Anregungsfrequenzen f_G am Freistrahlbrenner aufgenommen (Kreise), um diejenige Frequenz zu ermitteln, unter derer die deutlichsten Beugungsspektren bei turbulenter Umluft zu erhalten waren. Die einzelnen Messdaten entsprechen dabei Mittelwerte über ca. 30 Einzelmessungen. Bei einer Frequenz von f = 122 Hz liessen sich die stabilsten Beugungsspektren abbilden, sodass der Tröpfchenstrahl im Zwei-Phasen-Betrieb der Methan-Luft-Flamme mit dieser Anregungsfrequenz generiert wurde.
Aus dieser Graphik lässt sich sehr gut erkennen, dass die Daten, die im Rahmen der Studienarbeit ermittelt wurden, sich deutlich von den theoretisch berechneten Werten des Tröpchendurchmessers unterscheiden (gestrichelte Linie). Obwohl diese Messdaten mit einem Offset über den errechneten Tropfendurchmessern liegen, stimmt der Verlauf des Tropfendurchmessers in Abhängigkeit der Anregungsfrequenz unter Berücksichtigung einer geringen Streuung gut überein. Als Grundlage für diese Arbeit diente ein Versuchsaufbau, der von äusseren Luftströmen gut abgeschirmt war und sehr gute Voraussetzungen für die Bestimmung der Tropfenparameter bot. Betrachtet man dagegen die Werte für die Töpfchendurchmesser, die am Freistrahlbrenner unter turbulenter Umgebungsluft bei verschiedenen Anregungsfrequenzen aufgenommen worden sind, fallen neben der sehr hohen Streuung der ermittelten Tropfendurchmesser in Abhängigkeit der Frequenz auch eine allgemeine Verschie-

bung des Wertebereichs auf. Diese liegen nun auf demselben Niveau wie die errechneten Werte [ARF91, RAF91], wie sie durch die gestrichelte Linie dargestellt ist. Kontrollmessungen, die an den jeweiligen Messtagen aufgenommen wurden und in der Abbildung als dunkelgraue Dreiecke wiederzufinden sind, bestätigen diese reproduzierbare Abweichungen in Form eines systematischen Fehlers, der auf die erschwerten Versuchsbedingungen einer turbulenten Umgebungsluft zurückzuführen ist. Der relative Fehler der Referenzdaten aus [Leo04] liegt bei 7.3 % im Vergleich zu dem relativen Fehler aus den Messungen am Freistrahlbrenner, der mit 11.2 % um einen Faktor 1.5 höher liegt. Die Fehler wurden nach dem Fehlerfortpflanzungsgesetz ermittelt und in der Arbeit von [Leo04] detailliert beschrieben. Durch die turbulente Umgebungsluft am Freistrahlbrenner waren lediglich in der Nähe des Brennerkopfes Beugungsspektren detektierbar, da nur im unteren Bereich die Tropfen in Kettenform vorlagen. Mit zunehmendem Abstand zum Brennerkopf verliessen die Tropfen ihre wohldefinierte Richtung entlang der Mittelachse des Brenners und folgten vielmehr der turbulenten Störungen des umgebenden Gases. Die Detektionshöhe stand ebenso in Abhängigkeit der Tropfengeometrie. Bei bestimmten Detektionshöhen vom Brennerkopf waren enorme Abweichungen der Kugelgeometrie an den Tröpfchen zu beobachten, die ebenfalls auf die umgebende turbulente Gasströmung zurückzuführen sind.
Anders dagegen verhält sich die Bestimmung des Tröpfchenabstandes, die am Brenner in gleicher Höhe und simultan zum Tröpfchendurchmesser bestimmt wurde. Aus den Referenzdaten von [Leo04] ist ein nichtlinearer abfallender Verlauf des Tropfenabstandes mit zunehmender Anregungsfrequenz bei sehr geringer Streuung zu erkennen (schwarze Rauten in Abb. 55). Dagegen folgen die Daten, die am Brenner bei turbulenter Umgebungsluft ermittlet wurden, einer ganz anderen Chrakteristik, die auf die Strahlrichtung des Tropfenstrahls zurückzuführen ist. Der Tropfenstrahl in der Arbeit von [Leo04] war in negativer Richtung der z-Achse gerichtet, also in Richtung der Erdbeschleunigung von oben nach unten. In diesem Fall erfahren die Tröpfchen nach Austritt aus der Lochblende eine Geschwindigkeitszunahme durch die Schwerekraft. Am Freistrahlbrenner wurde dagegen der Tropfenstrahl in positive z-Richtung generiert, sodass den Tröpfchen nach Austritt der Lochblende die Erdbeschleunigung entgegenwirkt. Dieser Sachverhalt hat zur Folge, dass die Messungen des Tropfenabstandes in der Konfiguration, wie sie am Freistrahlbrenner gemessen worden sind, nicht mit den Referenzdaten vergleichbar sind. Sie sind der Vollständigkeit halber in Abb. 55 dargestellt, werden aber im folgenden nicht weiter berücksichtigt.

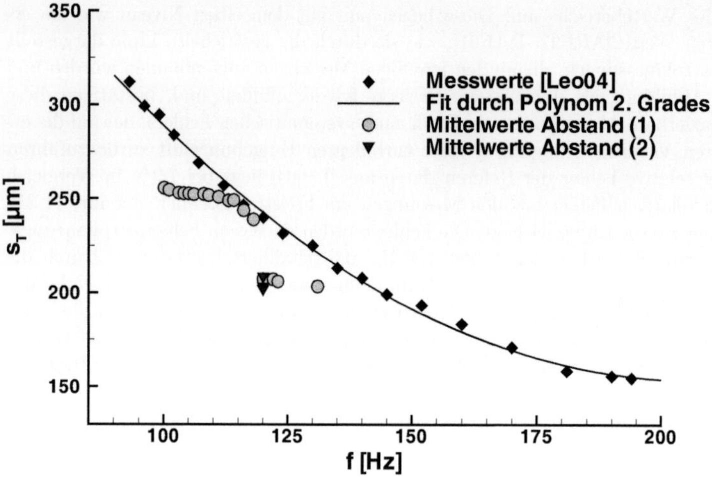

Abb. 55: Änderung des Tropfenabstandes s_T in Abhängigkeit der Anregungsfrequenz f. Gemessen wurde mit Ethanol bei einem Druck von 4.0 bar und einem Durchmesser der Lochblende von 50 μm.

Die Messungen an der turbulenten vorgemischten Freistrahlflamme mit Kraftstofftröpfchen sind in der Weise durchgeführt worden, dass zunächst ein stabiler Tröpfchenstrahl generiert wird, um Kontrollmessungen bezüglich Durchmesser und Abstand der Tröpfchen durchzuführen. Im Anschluss daran wird der Zweiphasen-Betrieb initiiert, indem das Methan-Luft-Gemisch hinzugeschaltet und gezündet wurde. Die Gasgemischzusammensetzungen für Haupt- und Pilotflamme sind dieselben wie in Kap. 3.
Das Flammenfeld wird radial (10-50 mm) in 10 mm-Schritten und in Achsrichtung mit den Abständen h = 30, 40, ..., 100, 120, 150, 170, 200, 220, 250, 270, 300, 350, 400, 450 mm abgerastert. Wegen des axial-gerichteten Tropfenstrahls muss der Mittelteil der Flamme bei r = 00 mm auf ganzer Länge und bei r = 10 mm ab einer Höhe von h = 300 mm ausgespart werden, um Funkenüberschläge durch Plasmabildung durch die Einwirkung hochenergetischer Laserstrahlung auf die Tröpfchen entgegenzuwirken. Die Aufnahme der Ramanspektren an der Methan-Luft-Flamme im Zwei-Phasen-Betrieb erfolgt unter gleichen Bedingungen (Hardware-Binning, Kameraverstärkung, etc.) wie das Aufnahmeprozedere an der reinen Methan-Luft-Flamme, um die Vergleichbarkeit beider Flammenkonfigurationen zu gewährleisten.

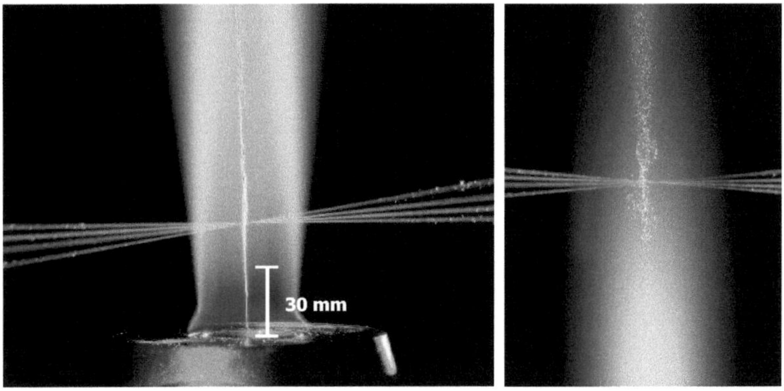

Abb. 56: Fotographie der pilotstabilisierten turbulenten Methan-Luft-Flamme mit Tröpfchenjet auf unterster Höhe mit Brennerkopf (linke Abbildung). Hier ist gut zu erkennen, dass ab einer Höhe von 20 mm der Tropfenstrahl nicht mehr stabil ist und mit zunehmender Höhe ab Brennerkopf der Strahl in eine Art Tröpfchenspray übergeht (rechte Abbildung).

5.3.2 Molenbruch und Temperatur im Zwei-Phasen-Betrieb

Die Ramanspektren der turbulenten Freistrahlflamme mit Kraftstoffzufuhr wurden auf derselben Basis ausgewertet wie die der Flamme in Ein-Phasen-Betrieb. Hierzu wurden genau die gleichen Werte für den effektiven Wirkungsquerschnitt η_i^{kal} verwendet, um die Vergleichbarkeit zwischen beiden Betriebssystemen zu gewährleisten.

Durch die Zugabe des Kraftstoffes Ethanol verändert sich partiell die Elementenzusammensetzung durch eine erhöhte CO_2 - und H_2 - Bildung wie in Glg. (2) beschrieben. Das betrifft vornehmlich die Bereiche, in denen die Ethanoltröpfchen durch genügend hohe Energieeinwirkung in die Gasphase übertreten können und sich damit die Grundlage für weitere chemische Reaktionen schafft. Ein Netto-Vergleich in ausgezeichneten Flammenregionen sollen die veränderte Speziesbildung zwischen reiner Methan-Luft-Flamme und der Freistrahlflamme mit Kraftstoffzufuhr verdeutlichen.

Damit zu jedem Zeitpunkt jeweils dieselben Ausgangsbedingungen vorhanden sind, wurde im speziellen darauf geachtet, dass die Zufuhr von Ethanol in den Flammenkanal durch einen konstanten Volumenstrom konstant blieb. Nur unter dieser Voraussetzung lassen sich die zwei Betriebssarten der Flammen, bzw. die Einzelaufnahmen der Flamme in Zwei-Phasen-Modus vergleichen.

In den Abbildungen 57 - 63 sind jeweils die gemittelten Molenbrüche x, bzw. Temperatur T über das Detektionsraster, welches durch die Punkte in den Graphiken dargestellt ist, aufgeführt. Zwischen den einzelnen Aufnahmepunkten wurde linear interpoliert und in einem Contourplot in Falschfarben dargestellt. Der Mittelteil steht wegen des Tröpfchenstrahls zur Raman-Detektion nicht zur Disposition und bleibt deshalb ausgespart.

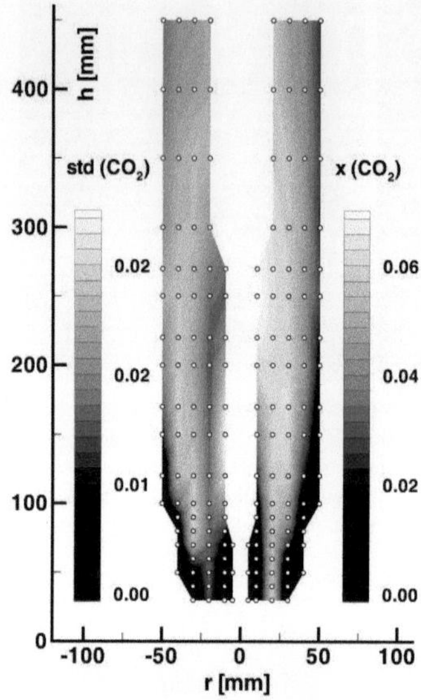

Abb. 57: Contourplot der gemittelten Werte des Molenbruchs von CO_2 (rechts) und der Standardabweichung (links).

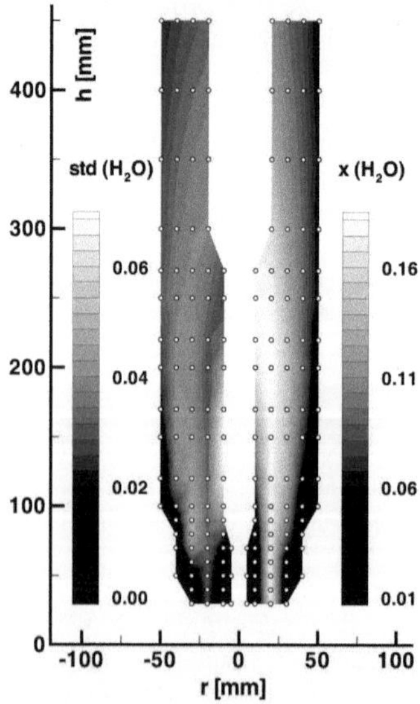

Abb. 58: Contourplot der gemittelten Werte des Molenbruchs von H_2O (rechts) und der Standardabweichung (links).

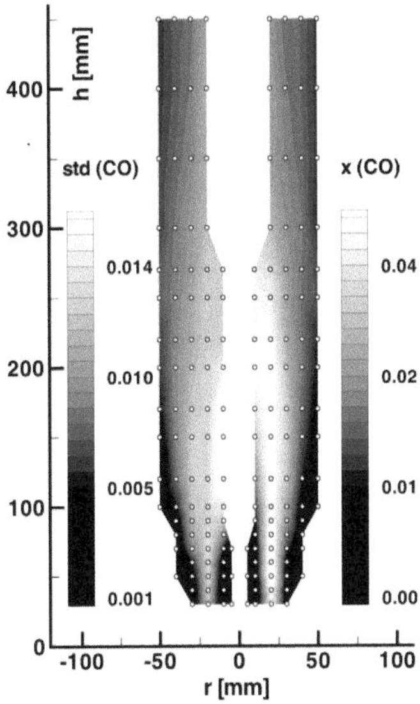

Abb. 59: Contourplot der gemittelten Werte des Molenbruchs von CO (rechts) und der Standardabweichung (links).

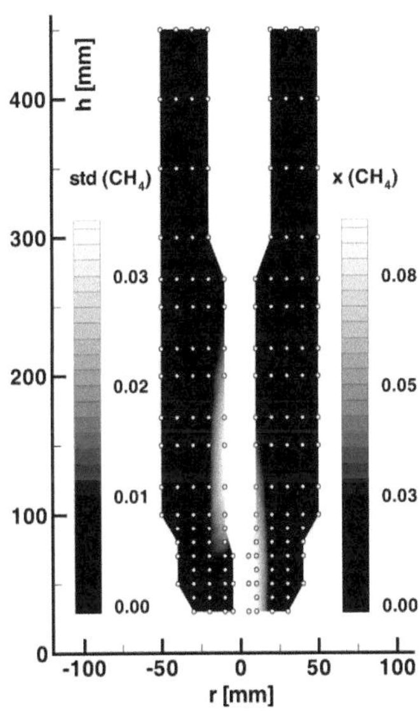

Abb. 60: Contourplot der gemittelten Werte des Molenbruchs von CH_4 (rechts) und der Standardabweichung (links).

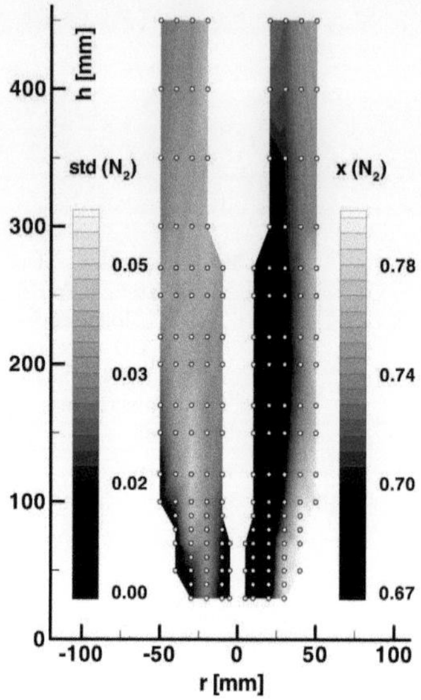

Abb. 61: Contourplot der gemittelten Werte des Molenbruchs von N_2 (rechts) und der Standardabweichung (links).

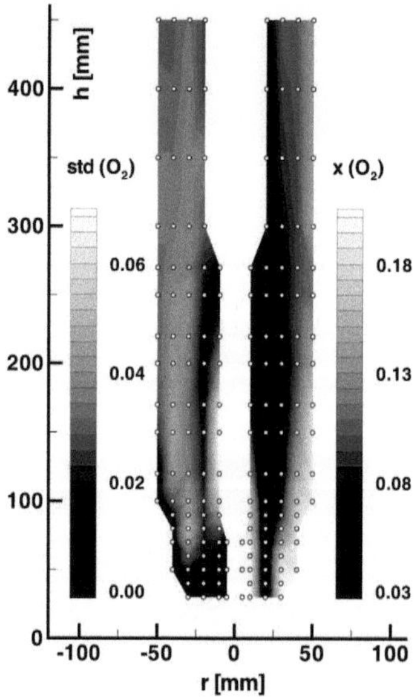

Abb. 62: Contourplot der gemittelten Werte des Molenbruchs von O_2 (rechts) und der Standardabweichung (links).

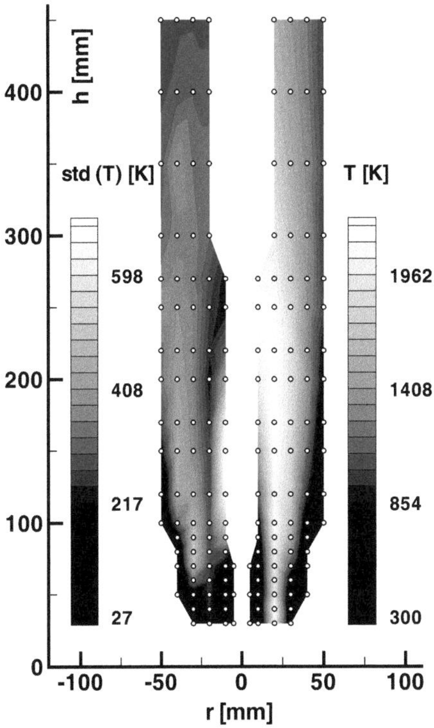

Abb. 63: Contourplot der gemittelten Werte für die Temperatur T (rechts) und der Standardabweichung (links).

Das qualitative Verhalten der Speziesbildung, bzw. der Edukte der Methan-Luft-Flamme im Zwei-Phasen-Betrieb gleicht der der reinen Methan-Luft-Flamme über das Flammenfeld. Um eine detaillierte Aussage über ein verändertes Molenbruchverhalten der Spezies durch das Einwirken von Ethanol zu treffen, sind in den Abb. 64 - 66 die Molenbruchverläufe beider Flammenkonfigurationen zueinander aufgetragen. Die Darstellung erfolgt bei jeweils einem festen Radius r über die gesamte Höhenverteilung (h) als Abszisse, wobei die Molenbrüche x, bzw. Temperatur T als Ordinate aufgetragen sind. Damit die Unterschiedlichkeit der beiden Flammensysteme qualitativ besser zu bewerten ist, wurde eine 2D-Darstellung gewählt, in der die Molenbruchverteilung über die Messhöhe aufgetragen ist.

In Abb. 64 sind die gemittelten Molenbrüche x_i mit $i = CO_2$, O_2, CO, CH_4, H_2O und H_2 sowie die gemittelte Temperatur T bei radialer Position von r = 10 mm aufgetragen. In dieser Einstellung sind die Einflüsse des Ethanols am deutlichsten zu erkennen. Im vertikalen Bereich 220 ≤ h ≤270 mm erreichen die Temperaturspitzenwerte eine erhöhte Verdampfung von Ethanol, das unter zeitnahen Bedingungen in Folge verbrennt. Nach Glg. (2) erhöht sich die Temperaturer um 3 % gegenüber der reinen Methan-Luft-Flamme auf 2170 K im Bereich des chemischen Gleichgewichts. Für die Spezies CO_2, CO und H_2 erhöhte sich der jeweilige Molenbruch um 1.4 %, 2.2 % und 6.6 % auf 7.4 Vol %, 4.5 Vol % und 1.6 Vol % bei gleichzeitiger Abnahme des Molenbruchs von H_2O um 0.5 % auf 0.19 Vol % (siehe dazu Tab. 4). Für N_2 und CH_4 bleiben die Zustandsverläufe beider Flammenarten unverändert.

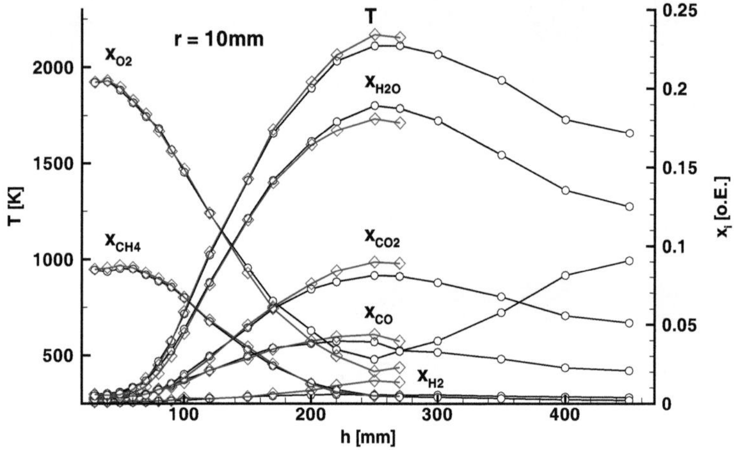

Abb. 64: Gegenüberstellung der Auswertung von reiner Methan-Luft-Flamme (schwarze Linie) mit der Ethanol-durchsetzten Flamme (blaue Linie) bei einem Radius von r = 10 mm.

In Abb. 65 befindet sich der Laserfokus in allen Höhenbereichen inmitten von Pilot- u. Hauptflamme, sodass die Verläufe der Spezieskonzentrationen die Gasphasen verbrannt bis verbrannt mit Luftbeimischung wiederspiegeln. Im Bereich 30 ≤ h ≤ 200 mm liegt nahezu das chemische Gleichgewicht des Piloten vor, der mit einem Äquivalenzverhältnis von $\Phi = 1.15$ die Molenbrüche der Spezies vorgibt. Der Einfluss von Ethanol macht sich bei r = 20 mm ab einer Höhe von h ≥ 250 mm mit differierenden Molenbruchverteilungen zwischen beiden Flammenkonfigurationen bemerkbar. Ähnlich wie in Abb. 64 erhöht sich der Anteil der Verbrennungsprodukte von CO_2, CO und H_2, während die Molenbrüche von O_2 und H_2O analog dazu fallen. Der Unterschied zwischen reiner Flamme und Flamme mit Ethanol verschiebt

sich mit steigendem Radiusgrad in den oberen Flammenkegel und nimmt durch die zunehmende Luftbeimischung an Quantität immer deutlicher ab.
In Brennerkopfhöhe ($30\,\text{mm} \leq h \leq 50\,\text{mm}$) sind deutliche Unterschiede der Messergebnisse der beiden Flammenkonfigurationen zu erkennen. Diese resultieren zum einen von den Justierungsarbeiten, die an der Laserstrahlführung durchzuführen waren und zum andern von Verschiebungen des optischen Systems durch die Erwärmung vom Flammenbetrieb. In der Einstellung bei $r = 20\,\text{mm}$ machen sich Veränderungen des Laserfocus empfindlich bemerkbar, indem sich der Brennpunkt der Laser nicht mehr inmitten der Pilotflamme, sondern sich durch Erwärmung weiter nach aussen (zur Umgebungsluft) oder innen (zur Hauptstrahlflamme) von der Pilotflamme verschoben hat. Die Abmessungen der Pilotflamme betragen gerade einmal 1.5 mm, sodass kleinste Änderungen der Laserstrahlführung den Fokus von Flammennähe (blaue Linie) entweder in den Frischgaskegel - zur Brennermitte - oder zur Luftseite - Entfernung von der Brennermitte - (schwarze Linie) mit abweichenden Speziesanteilen driften lassen.
Mit zunehmendem Radius r wird die Deutlichkeit, die die beiden Flammen voneinander unterscheidet, geringer (Abb. 66). Lediglich in den oberen Flammenkegelbereichen $h \geq 250\,\text{mm}$ sind noch Unterschiede in den Molenbrüchen der Flammen zu erkennen, die mit zunehmendem Radius durch die zunehmende Luftbeimischung (Coflow) immer mehr verschwindet. Die Verläufe der Spezies beider Flammen gehen ineinander über und liegen mit ihren statistischen Schwankungen innerhalb der fehlerbetrachtenden Unsicherheit.

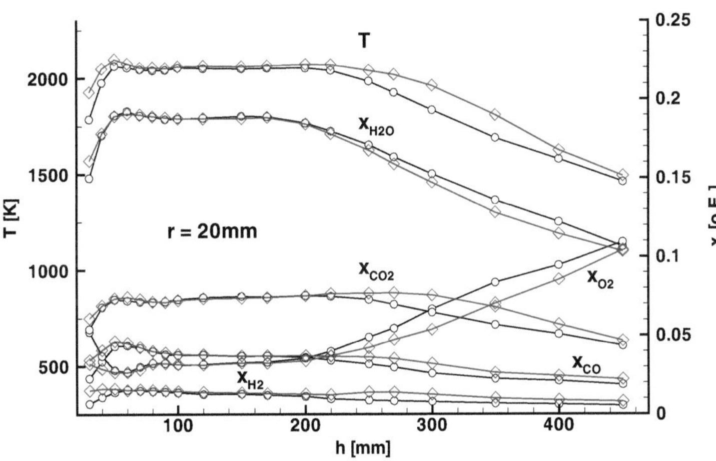

Abb. 65: Gegenüberstellung der Auswertung von reiner Methan-Luft-Flamme (schwarze Linie) mit der Ethanol-durchsetzten Flamme (blaue Linie) bei einem Radius von $r = 20\,\text{mm}$.

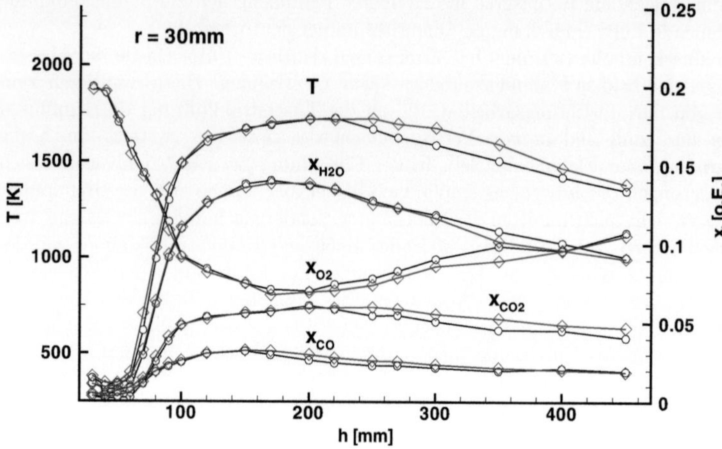

Abb. 66: Gegenüberstellung der Auswertung von reiner Methan-Luft-Flamme (schwarze Linie) mit der Ethanol-durchsetzten Flamme (blaue Linie) bei einem Radius von r = 30 mm.

Ein Vergleich der experimentellen Werte der Flammensysteme mit berechneten Daten aus [Mor05] bietet Tab. 4.

Nr.	T [K]	x_{CO2}	x_{O2}	x_{CO}	x_{N2}	x_{CH4}	x_{H2O}	x_{H2}	
1	2176	0.069	0.00	0.036	0.685	0.00	0.189	0.019	Gaseq
2	2094	0.073	0.00	0.044	0.650	0.00	0.191	0.015	Flamme
3	2118	0.074	0.00	0.045	0.670	0.00	0.190	0.016	Flamme + Ethanol

Tab. 4: Tabellarischer Vergleich der Speziesbildung an der Pilotflamme mit einem Äquivalenzverhältnis' von $\Phi = 1.15$. In Zeile 1 stehen die Daten der Spezies für eine Gasgemischzusammensetzung, wie sie in diesem Experiment verwendet wurde. Die Werte sind nach Gaseq berechnet worden und entsprechen einem verbrannten Zustand chemischen Gleichgewichts. Ein Vergleich der Flammenkonfigurationen (Zeile 2 und 3) mit den theoretisch errechneten Speziesanteilen zeigen Abweichungen, die im einstelligen unteren Prozentbereich liegen.

5.4 Simulationsergebnisse

Zur Validierung der experimentellen Ergebnisse wurde die pilotierte Vormischflamme ohne Kraftstoffeinfluss am damaligen Institut für Technische Verbrennung der Universität Stuttgart simuliert (Kap. 2.2). Die Vorgaben zur Berechnung dieser turbulenten Flamme stützen sich im wesentlichen auf geometrische Abmessungen des Brennerkopfes sowie die ermittelten Daten aus Kap. 3 , die sind

- Mittelwerte der axialen Gasströmung $\bar{u}$ am Austritt des Brennerkopfes (Jet- u. Pilotflamme) mit der vereinfachenden Annahme für die radialen Strömungskomponenten $\bar{v} = \bar{w} = 0$,

- Durchmesser der Hauptflamme d_{Jet} und Spaltbreite der Pilotflamme d'_{Pilot} und

- Massenfluss der Haupt- und Pilotflamme $\dot{V}_{\text{Jet}}$, bzw. $\dot{V}_{\text{Pilot}}$ in axialer Richtung.

Die für das hybride Verfahren verwendeten Parameter des k-ε-Turbulenzmodells bestimmen sich mit k, der kinetischen Energie, und ε, der Dissipationsgeschwindigkeit [BM99] wie

$$k = \frac{1}{2}\sqrt{u'^2 + v'^2 + w'^2}, \quad \text{bzw.} \quad \varepsilon = \sqrt{C}\, k\, \frac{\Delta \bar{u}}{\Delta x} \tag{41}$$

mit $C = 0.09$, einer Modellkonstanten. Für die Schwankungen u', v', w' genügen die Bedingungen

$$\bar{u'} = \frac{1}{n}\sum \bar{u'_i} \quad \text{mit} \quad \bar{v'} = \bar{w'} = 1/3\, \bar{u'}\,. \tag{42}$$

Die geometrischen Rechengrössen in der Modellrechnung sind mit $0\,\text{mm} \leq \text{r} \leq 110\,\text{mm}$, dem radialen Verfahrweg, und $0\,\text{mm} \leq \text{h} \leq 720\,\text{mm}$ weitaus grösser als im Experiment, sodass mit vereinfachten strömungsbedigten Randbedingungen gerechnet werden muss. Das Flammengebiet wird mittels einer Diskretisierung in 55×55 Gitterpunkten mit jeweils 80 Partikeln pro Zelle unterteilt, zwischen den Gitterpunkten werden die theoretischen Daten analog zu den experimentellen linear interpoliert.
In den Abbildungen 67 - 74 sind die modellierten Ergebnisse von Molenbruch, Temperatur und Mischungsbruch als Contourplot dargestellt. Um einen direkten Vergleich zu den experimentellen Darstellungen zu gewähren, sind die Mittelwertsdarstellungen aus der Simulation in der Höhenverteilung auf $30\,\text{mm} \leq \text{h} \leq 550\,\text{mm}$ bei einer radialer Verteilung von $00\,\text{mm} \leq \text{r} \leq 110\,\text{mm}$ vollständig dargestellt.
Als Ergebnis der simulierten vorgemischten pilotierten Freistrahlflamme zur experimentell detektierten Flamme erbrachte eine Verifikation in den Punkten

- Quantifizierung von Molenbruch-, Temperatur- und Mischungsbruchverteilung über Rechen-, bzw. Detektionsgebiet

- Flammenstruktur auf der Grundlage der Strömungcharakteristik

Die Ergebnisse der numerischen Simulation sind in den rechten Darstellungshälften der Abb. 67 - 74 den experimentell ermittelten Daten (linke Seite) gegenübergestellt. Aus ihnen geht hervor, dass sich die experimentellen und theoretischen Daten in den

Messbereichen sich zunächst gut wiederfinden, ihre Abweichungen liegen unter 4 %. Im unteren Bereich der Flamme, der sich durch Gaszusammensetzungen Frischgas, verbrannte Zone der Pilotflamme und Umgebungsluft auszeichnet, sind die heissen Zonen der experimentellen Daten schärfer abgebildet als in den Darstellungen der Simulation. Eine mögliche Ursache hierfür sind die Daten des Strömungsfeldes, die mit Hilfe der Hitzdrahtanemometrie gemessen wurden und als Grundlage für die numerische Simulation dienten. Mit diesem Messverfahren wurde an denselben Messpunkten gemessen wie bei den Ramanmessungen an der turbulenten Flamme.

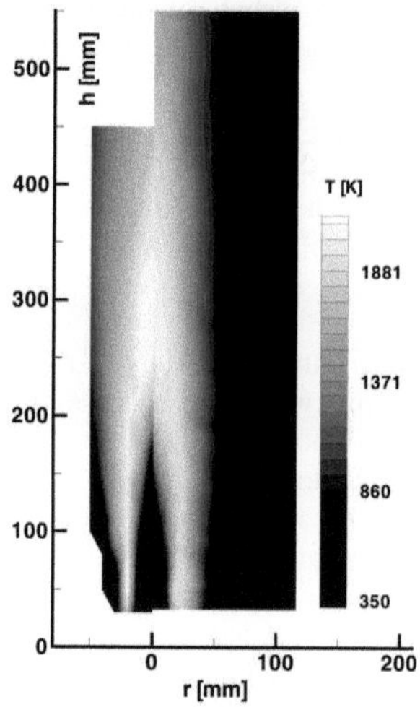

Abb. 67: Contourplot der gemittelten Werte der Temperatur für die simulierte Flamme (rechts) im Vergleich zu den experimentellen Werten (links).

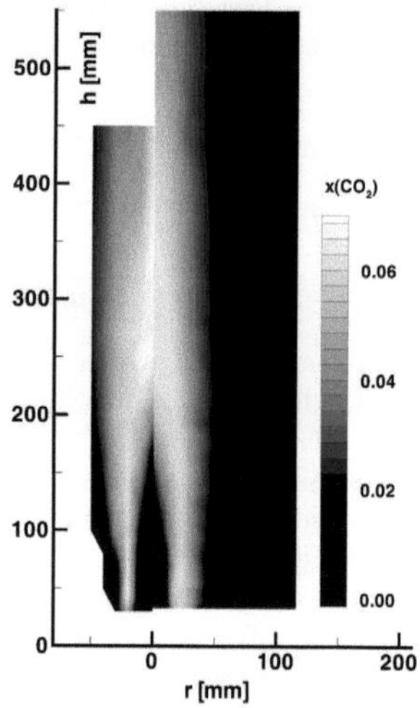

Abb. 68: Contourplot der gemittelten Werte des Molenbruchs von CO_2 für die simulierte Flamme (rechts) im Vergleich zu den experimentellen Werten (links).

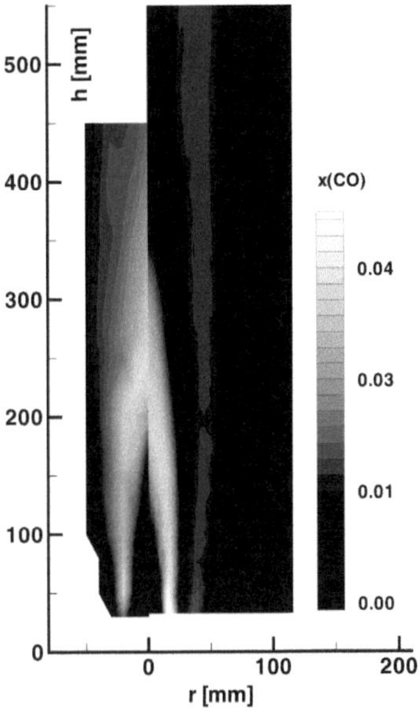

Abb. 69: Contourplot der gemittelten Werte des Molenbruchs von CO für die simulierte Flamme (rechts) im Vergleich zu den experimentellen Werten (links).

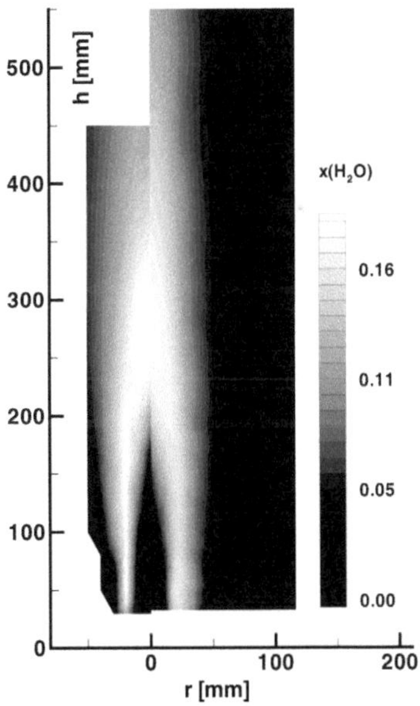

Abb. 70: Contourplot der gemittelten Werte des Molenbruchs von H_2O für die simulierte Flamme (rechts) im Vergleich zu den experimentellen Werten (links).

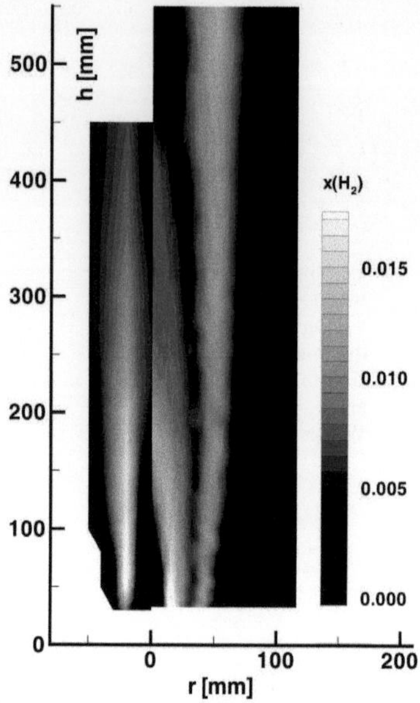

Abb. 71: Contourplot der gemittelten Werte des Molenbruchs von H_2 für die simulierte Flamme (rechts) im Vergleich zu den experimentellen Werten (links).

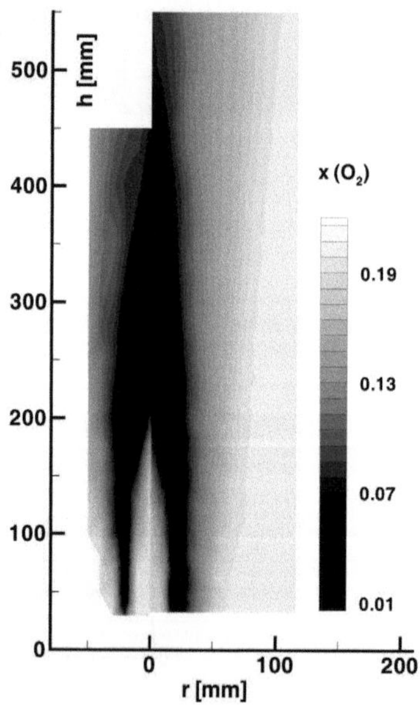

Abb. 72: Contourplot der gemittelten Werte des Molenbruchs von O_2 für die simulierte Flamme (rechts) im Vergleich zu den experimentellen Werten (links).

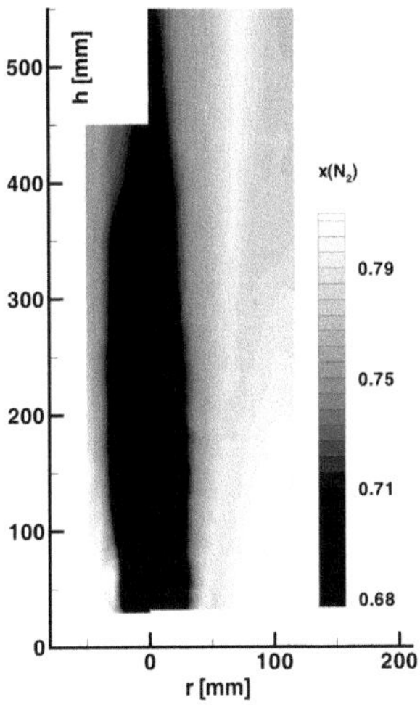

Abb. 73: Contourplot der gemittelten Werte des Molenbruchs von N_2 für die simulierte Flamme (rechts) im Vergleich zu den experimentellen Werten (links).

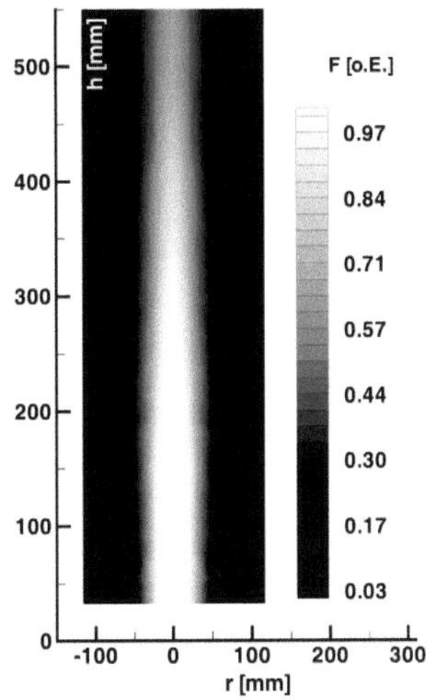

Abb. 74: Contourplot der gemittelten Werte des Mischungsbruches für die simulierte Flamme.

In Abb. 75 - 80 werden die simulierten und experimentellen Daten aus Einzelmessungen verglichen. Hieraus wird ein relativer Verlauf der Daten ersichtlich, der sich am Vorbild der Flammenstruktur für r = 00 - 10 mm (Frischgaszone) - F = 1.0 ohne Luftbeimischung - , r = 20 mm (verbrannte Zone) - F = 1.21 ohne Luftbeimischung - und r = 30 - 50 mm (verbrannte Zone mit Luftbeimischung) - $1.21 \geq F \geq 0$ bei einer Höhe von h = 70.0 mm die Molenbruchverteilung zum Mischungsbruch einreiht. Am Beispiel des Molenbruchs von CO_2 (Abb. 75) wird der Einfluss des fetteren Piloten in der Vergleichsdarstellung unterschiedlich interpretiert. Während die experimentellen Daten den Einfluss der Pilotflamme deutlich in seinem Maximum in der Molenbruchverteilung von CO_2 bei F = 1.21 hervorbringt, ist die Einwirkung der Pilotflamme von Φ_{Pilot} in den berechneten Daten nicht vorzufinden. Die Simulationsergebnisse spiegeln lediglich die Gasgemischzusammensetzung der Freistrahlflamme bei $\Phi_{\text{Main}} = 0.95$ wieder. Mit zunehmendem Radius sinkt die Molenbruchverteilung von CO_2 über den Mischungsbruch durch immer grössere Luftbeimischung aus der Umgebung für beide Datensätze auf Null ab. Dieses Verhalten pflanzt sich in den Punktdarstellungen aller Spezies entsprechend der Gasgemischzusammensetzung und des Gasgemischzustandes (verbrannt/unverbrannt) gleichermassen fort.

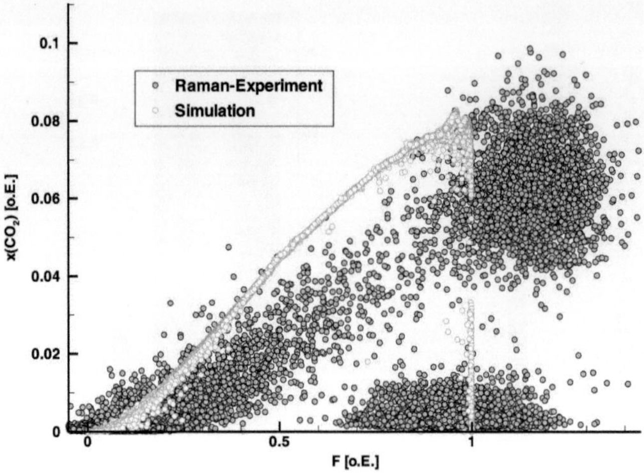

Abb. 75: Molenbruch x von CO_2 über dem Mischungsbruch F: Die schwarzen Kreise stellen die experimentellen Daten, die blauen die der Simulation dar.

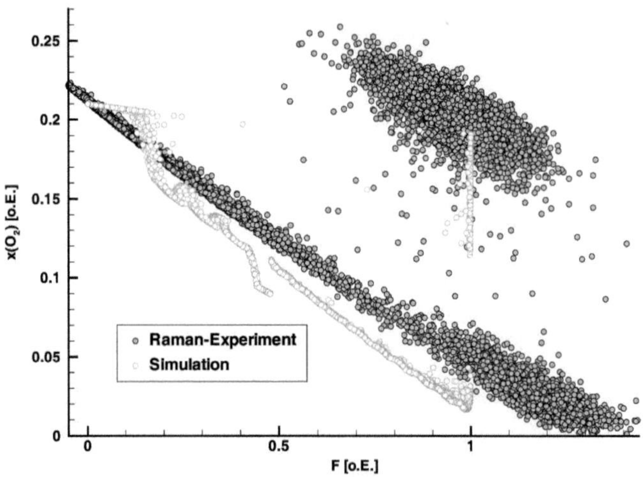

Abb. 76: Molenbruch x von O_2 über dem Mischungsbruch F.

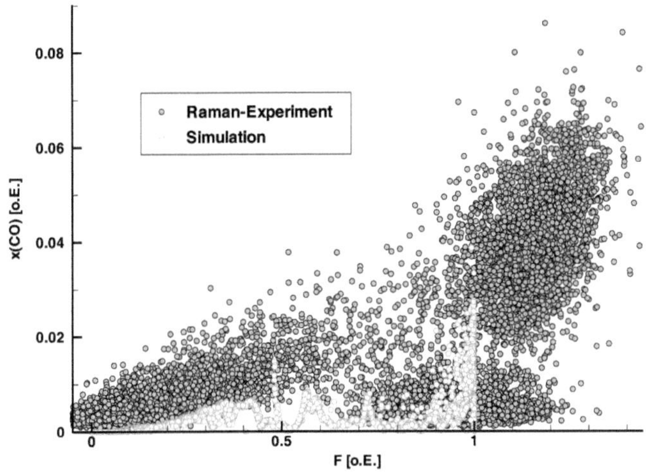

Abb. 77: Molenbruch x von CO über dem Mischungsbruch F.

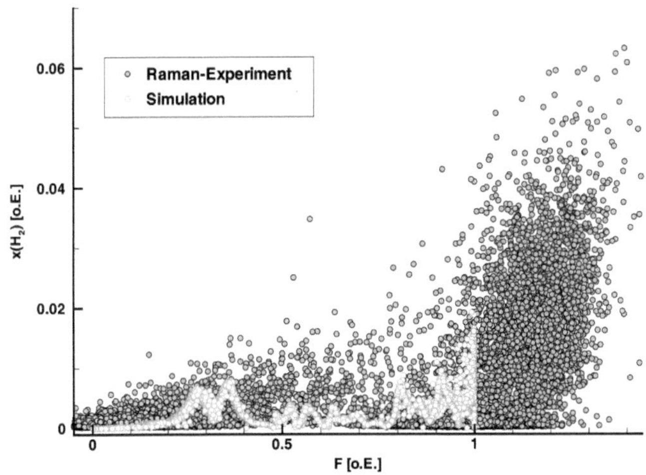

Abb. 78: Molenbruch x von H_2 über dem Mischungsbruch F.

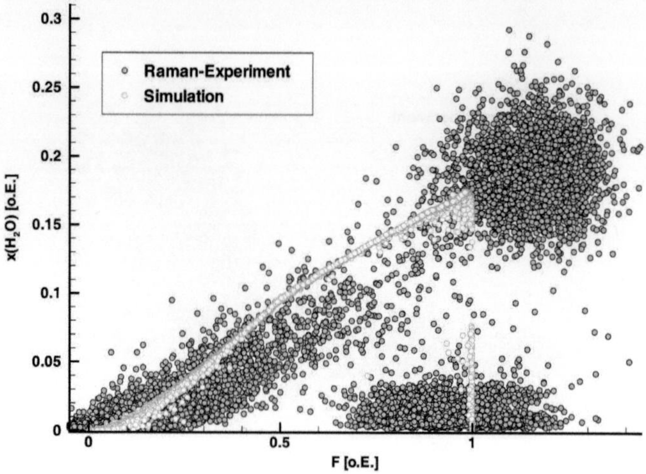

Abb. 79: Molenbruch x von H_2O über dem Mischungsbruch F.

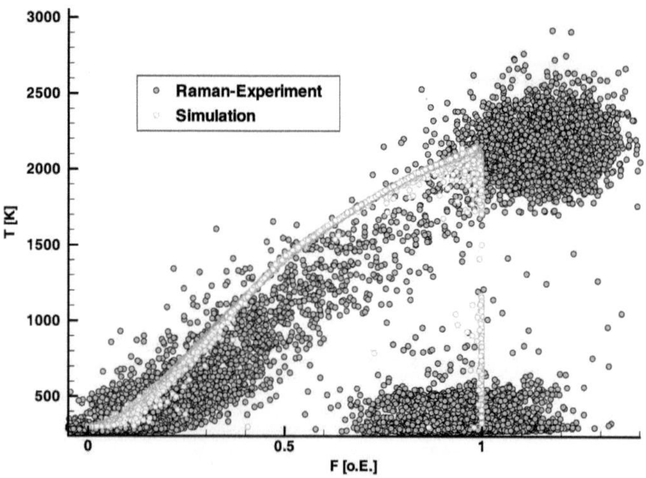

Abb. 80: Temperaturverteilung über dem Mischungsbruch F.

Dasselbe Verhalten wie für CO_2 ist bei den Spezies H_2O, CO und H_2 wiederzuerkennen. Wegen ihrer sehr geringen Konzentration in dieser Gasgemischzusammensetzung als Minoritätsspezies sind Kohlenmonoxid und Wasserstoff auch in dieser Betrachtung als kritisch zu betrachten.

6 Fehlerrechnung

In der folgenden Fehlerbetrachtung werden alle möglichen Fehlerquellen quantitativ erfasst. Hierzu wird das Gesamtexperiment in die Kompartimente der Tröpfchengenerierung und der turbulenten Verbrennung klassifiziert, um dann in den einzelnen Bereichen die Messunsicherheiten in eine detaillierte Fehlerrechnung einzubinden.

6.1 Fehler in der turbulenten Verbrennung

Die Ergebnisse einer Messung sind nur so genau wie die Kalibrierung, die ihr zugrunde liegt. In diesem Kapitel werden daher die möglichen Fehlerquellen in der Kalibrierung aufgezeigt, in systematische und zufällige Fehler eingeteilt und in einer Gesamtbetrachtung quantifiziert. Im weiteren werden neben den Kalibrierfehlern die Unsicherheiten betrachtet, die vom Experiment selbst ausgehen.

6.1.1 Kalibrierfehler

Der Kalibrierstandard beruht auf der Kenntnis und Genauigkeit vorhandener Daten, die sich aus der entsprechenden Quellliteratur entnehmen lassen. Eine detailgetreue Fehlerbetrachtung wird im Bereich der Kalibrierung durch eine Gesamtbehandlung ersetzt, die sich aus der Renormierung des effektiven Wirkungsquerschnitts $\eta_{\mathrm{i}}^{\mathrm{kal}}$ für jede Spezies i ergibt (siehe Kap. 3.2). Dieses Vorgehen begründet sich in der Tatsache, dass sich $\eta_{\mathrm{i}}^{\mathrm{kal}}$, die sich aus den Kalibrierspektren errechnen lassen, auf Selbstkonsistenz hin korrigiert und für die Auswertung der turbulenten Vormischflamme (mit und ohne Kraftstofftröpfchen) angewandt wurde. Nach Glg. (35) beinhaltet $\eta_{\mathrm{i}}^{\mathrm{kal}}$ alle kalibratorischen Unsicherheitsfaktoren, die sich zusammensetzen aus

- den verwendeten Daten laminarer Kalibrierflammen (H_2 - Luft - und CH_4 - Luft - Gasgemische) am McKenna - Brenner [WS94, PW96],
- den fehlerbehafteten Massenflussreglern, die im Einsatz definierter Volumenströme von Kalibrierflammen und am Heissgaserzeuger Einfluss nehmen sowie
- den Unsicherheiten der Massenflussregler zur Steuerung der Pilot- u. Freistrahlflamme,
- der Temperaturmessung am Heissgaserzeuger anhand eines Thermoelements,
- der Gasgemischpräparation durch die Ungenauigkeit der Stelleinheit sowie
- dem gesamten Detektionssystem, welches die Unzulänglichkeiten elektronischer, optischer und mechanischer Komponenten abdeckt.

In Summe bilden diese angeführten Fehlerquellen einen systematischen Fehler, der sich auf alle durchgeführten Messungen überträgt und im speziellen die Notwendigkeit einer Renormierung der Daten aus den Kalibrier- u. Standardflammen erzwingt. Die Fehler beziehen sich auf die Darstellungen in den Abb. (14) - (19), Kap. 3.2.1, die aus dem Fit (dunkle Gerade) zum Mittelwert (blaue gestrichelte Linie) einhergehen. In den Bereichen niedriger (300 K) und hoher (2200 K) Temperaturen ist $\Delta\eta_{\mathrm{i}}^{\mathrm{kal}}$, der Differenz zwischen linearem Fit zur Mittelwertsgeraden, und damit der Fehler am grössten und erreicht dort ihr Maximum, während sich im mittleren Temperaturfeld ($\approx$ 1200 K) ein Fehlerminimum einstellt. In Tab. 5 ist auf dieser Grundlage der Fehler für C_1 nach Glg. (37) individuell abgeschätzt worden mit

$\eta_{\mathrm{i}}^{\mathrm{kal}}$	C_1 [o.E.]	Fehler [o.E.]	Fehler [%]
CO_2	$1.500 \cdot 10^3$	$\pm$ 120	16
O_2	$4.650 \cdot 10^2$	$\pm$ 45	20
CO	$5.356 \cdot 10^2$	$\pm$ 50	19
CH_4	$1.764 \cdot 10^3$	$\pm$ 50	6
H_2O	$4.361 \cdot 10^2$	$\pm$ 25	12
H_2	$2.292 \cdot 10^2$	$\pm$ 20	18

Tab. 5: Fehlerbreite von $\eta_{\mathrm{i}}^{\mathrm{kal}}$ der Spezies i, die sich aus den Kalibrierdaten ergibt.

Für CO_2, H_2, O_2 und CO wurde jeweils über das gesamte Temperaturfeld der Mittelwert berechnet. Einzelne Messpunkte konnten in dieser Auswertung nicht berücksichtigt werden (im speziellen bei O_2), da einzelne Spezies in bestimmten Temperaturbereichen in der Verbrennung nur in sehr geringer Konzentration vorkommen und wegen zu geringer Signalstärke nicht ausgewertet werden konnten. Am Beispiel von Sauerstoff liessen sich nur wenige Messdaten in den oberen Temperaturbereichen, vornehmlich bei mageren Gasgemischzusammensetzungen, ermitteln, bei Methan (Abb. (15)) als reaktives Gas hingegen gar nicht. In diesem Fall bezieht sich die Mittelwertsbildung von η^{kal} lediglich auf den "kalten" unverbrannten Zustand, da ab einer Temperatur von $>$ 900 K die Methankonzentration auf Null absinkt und für die Auswertung irrelevant wird. Aus diesem Grund fällt auf Methan im Vergleich zu den anderen Spezies ein relativ kleiner Fehler ab. Analog konnten für Wasser nur Messdaten im oberen Temperaturfeld ermittelt werden, die oberhalb von einer Temperatur von 1246 K lagen. Unterhalb dieser Temperatur liessen sich keine Kalibrierspektren aufnehmen, da hierfür die notwendigen technischen Hilfsmittel (Masseflussregler für Wasser) nicht zur Verfügung standen. Bei CO_2 wurde der Fehler am oberen Temperaturfeld bemessen, da Kohlendioxid nur in den Übergangszonen (unverbrannt zu verbranntem Gas) bis hin zu vollständig verbranntem Gas vorkommt.

Allein Stickstoff liess sich bei jeder Temperatur und Gasgemischzusammensetzung

$\eta_{\mathrm{i}}^{\mathrm{kal}}$	C_1 [o.E.]	C_2 [K^{-1}]	Fehler [o.E.]	Fehler [%]
N_2	$2.479 \cdot 10^2$	$2.46 \cdot 10^{-2}$	$\pm$ 30	12

Tab. 6: Fehlerbreite von $\eta_{\mathrm{i}}^{\mathrm{kal}}$ von N_2.

hinreichend detektieren und auswerten. Da Stickstoff in jedem Zustand in genügend hoher Konzentration vorkommt, eignet sich N_2 hervorragend, als einzige Spezies durch η^{kal} in linearer Abhängigkeit zur Temperatur zu stellen, ohne Einbussen in Rechenzeit, Standardabweichungen der Molenbrüche für alle Spezies und Mischungsbruch zu verzeichnen (Tab. (6))

.

6.1.2 Fehler in der Bestimmung von Molenbruch und Temperatur

In der Fehlerbetrachtung bildet $\eta_{\text{i}}^{\text{kal}}$ den Gesamtfehler, der alle Messunsicherheiten des Systems enthält und den systematischen Fehler des Systems darstellt. Da der effektive Wirkungsquerschnitt durch Verifikation an Standardflammen und am Heissgaserzeuger adaptiert wurde, geht $\eta_{\text{i}}^{\text{kal}}$ als Gesamtfehler in die Fehlerrechnung mit $\Delta\,\eta_{\text{i}}^{\text{kal}}$ nach dem allgemeinen Fehlerfortpflanzungsgesetz ein [Wal06]. Ziel dieser Fehlerberechnung ist es, die Abhängigkeiten für den Molenbruch x_{i} der Spezies i und der Temperatur T allein auf $\eta_{\text{i}}^{\text{kal}}$ zu reduzieren und die in Kap. 6.1.1 aufgelisteten Unsicherheiten durch diesen umzusetzen.
Nach Glg. (28) ist die Signalfläche $A_{\text{i}} = A_i\,(T, x_{\text{i}}; \lambda)$, womit sich im Ansatz der Fehlerberechnung nach dem Fehlerfortpflanzungsgesetz für den Molenbruch x_{i} mit der Schwankungsbreite $\Delta\,\eta_{\text{i}}^{\text{kal}}$ der Zusammenhang

$$\Delta\,x_{\text{i}} = \left|\frac{\partial x_{\text{i}}}{\partial\,\eta_{\text{i}}^{\text{kal}}}\right| \cdot \Delta\,\eta_{\text{i}}^{\text{kal}} = \left|-A_{\text{i}}^{\text{exp}} \cdot \frac{T}{\left(\eta_{\text{i}}^{\text{kal}}\right)^2}\right| \cdot \Delta\,\eta_{\text{i}}^{\text{kal}} \tag{43}$$

ergibt.
Mit der Beziehung für $\eta_{\text{i}}^{\text{kal}}$ nach Glg. (28) und seiner Abhängigkeit

$$\eta_{\text{i}}^{\text{kal}} = \sigma_i \cdot \frac{p}{R} \tag{44}$$

ergibt sich für Glg. (43) die reduzierte Abhängigkeit für den Molenbruch nach

$$\Delta x_{\text{i}} = \left|-\frac{x_{\text{i}}}{\eta_{\text{i}}^{\text{kal}}}\right| \cdot \Delta\eta_{\text{i}}^{\text{kal}}\,. \tag{45}$$

Der Spezies-spezifische Fehler des Molenbruchs ist direkt proportional zu dem auf $\eta_{\text{i}}^{\text{kal}}$-normierten Molenbruch x_{i} und dem abgeschätzten Fehler aus Tab. 5 und 6, welcher aus der Renomierung von $\eta_{\text{i}}^{\text{kal}}$ hervorgeht.
Analog wird der relative Fehler für die Temperatur T bestimmt und erhält durch geeignete Umformung

$$\Delta T = \left|\frac{T}{\eta_{\text{i}}^{\text{kal}}}\right| \cdot \Delta\eta_{\text{i}}^{\text{kal}}\,. \tag{46}$$

6.2 Fehler in der Tröpfchengenerierung

Die Abhängigkeiten des Tröpfchendurchmessers nach Gleichung (20) lassen eine Fehlerberechnung nach dem Fehlerfortpflanzungsgesetz zu, die in der Arbeit von [Leo04] im einzelnen hergeleitet wird, wie

$$\Delta\, d_{\mathrm{T}} = \left|\frac{\partial d_{\mathrm{T}}}{\partial s_{\mathrm{S}}}\right| \cdot \Delta s_{\mathrm{S}} + \left|\frac{\partial d_{\mathrm{T}}}{\partial \Theta}\right| \cdot \Delta\Theta\,. \tag{47}$$

Mit der Abkürzung

$$A = 1 + m^2 - m\,\cos\left(\frac{\Theta}{2}\right)\,, \tag{48}$$

stellen sich die partiellen Ableitungen dar wie

$$\begin{aligned} \frac{\partial d_{\mathrm{T}}}{\partial s_{\mathrm{S}}} &= \frac{\left[1 + (s_{\mathrm{M}}/s_{\mathrm{S}})^2\right]^{-1} \cdot s_{\mathrm{M}}/s_{\mathrm{S}}^2}{\arctan\left(s_{\mathrm{M}}/s_{\mathrm{S}}\right)} \qquad \text{und} \\ \frac{\partial d_{\mathrm{T}}}{\partial \Theta} &= \frac{-\frac{1}{2}\cdot\sin\left(\frac{\Theta}{2}\right) + \left[\left(\frac{m}{2}\cdot\cos\left(\frac{\Theta}{2}\right)\cdot A^{1/2} - \frac{m}{2}\cdot\sin^2\left(\frac{\Theta}{2}\right)\cdot A^{-1/2}\right)\right]\cdot A^{-1}}{\cos\left(\frac{\Theta}{2}\right) + \left(m\cdot\sin\left(\frac{\Theta}{2}\right)\right)\cdot A^{-1/2}}\,, \end{aligned} \tag{49}$$

wobei s_{S} der Abstand vom Tropfenstrahl zur Mattscheibe und s_{M} die Distanz von Laserstrahl-Durchstosspunkt zum ausgewerteten Beugungsmaximum bedeutet. Der Fehler für den Beobachtungswinkel Θ wird unter den gegebenen Umständen mit einer Ungenauigkeit von $\pm 3\,^\circ$ abgeschätzt, sodass der absolute Fehleranteil ungefähr 3 % beträgt. Im Hinblick auf die hohe Umgebungsströmung am Tropfenstrahl kommt es zu Schwankungen bei den Beugungsmaxima auf der Mattscheibe. Obwohl die Beugungsmuster im untersten Teil des Tropfenjets erzeugt werden, hat sich der Tropfenstrahl in diesem Bereich als sehr stabil erwiesen, der Fehler Δs_{S} wird daher grosszügig mit ± 20 mm abgeschätzt. Dieses Fehlerkriterium umfasst die Unsicherheit des Abstandes von Tropfenstrahl zur Mattscheibe. Mit dieser Messungenauigkeit beläuft sich der absolute Fehleranteil des Tropfendurchmessers auf etwa 2.4 %. Die übrigen Messunsicherheiten lassen sich in einem abgeschätzten allgemeinen Methodenfehler, welcher u.a. die Fehler des Volumenstroms $\dot{V}$ der Flüssigkeit, Anregungsfrequenz f_{G}, Konzentrizitäts- u. Stabilitätsschwankungen der Beugungsringe und Abbildungsfehler durch das Kamerasystem aufgreift, von 4 % angeben, sodass der gesamte absolute Fehler sich zu 9.4 % abschätzen lässt.
Der Tropfenabstand lässt sich auf der Basis einer Gitterkonstanten (vgl. Beugung am opt. Gitter, Glg. (21)) bestimmen. Bezüglich der Fehler ist der Abstand vom Tropfenjet zur Mattscheibe s_{S} die einflussreichste Grösse auf die Messunsicherheit und wird unter dem Ansatz der Fehlerbetrachtung nach ebensolchen Fehlerfortpflanzungsgesetz eingebettet nach

$$\Delta\, s_{\mathrm{Tr}} = \left| \frac{\partial s_{\mathrm{Tr}}}{\partial s_{\mathrm{S}}} \right| \cdot \Delta s_{\mathrm{S}}\,. \tag{50}$$

Unter der Annahme einer genauen Bestimmung der Abstände der Beugungsmaxima über die Fast-Fourier-Transformation (FFT), setzt sich der absolute Fehler zur Abstandsbestimmung der Tröpfchen im gesamten zusammen nach

$$\Delta s_{\mathrm{Tr}} = \left| \frac{\cos(\arctan(s_{\mathrm{max}}/s_{\mathrm{S}})) \cdot (1 + (s_{\mathrm{max}}/s_{\mathrm{S}})^2)^{-1} \cdot (s_{\mathrm{max}}/s_{\mathrm{S}}^2)}{\sin(\arctan(s_{\mathrm{max}}/s_{\mathrm{S}}))} \right| \cdot \Delta s_{\mathrm{S}} \tag{51}$$

Die oben beschriebene Problematik eines Tropfenjets in einer turbulenten Strömung setzt auch bei der Bestimmung des Tropfenabstandes einen grosszügig abgeschätzten Fehler mit $\pm\,20\,\mathrm{mm}$ voraus und ergibt einen absoluten Fehler von 3.3 %. Berücksichtigt man auch hier einen allgemeinen Fehler der Methodik (siehe oben) mit 2 %, beläuft sich im Gesamtbild der absolute Fehler auf 5.3 %. Der allgemeine Methodenfehler ist in dieser Fehlerbetrachtung jedoch erheblich geringer als in der zur Bestimmung des Tröpfchendurchmessers, da die Hauptfehlerquelle, die Konzentritätsschwankungen der Tröpfchen durch die umgebende hohe Gasströmung, wegfällt.

7 Diskussion

Die experimentell ermittelten Molenbruchverteilungen für Stickstoff und Sauerstoff brachten im einzelnen Auffälligkeiten hervor, die am Beispiel von Stickstoff in Abb. 81 erörtert werden. In den Mischzonen, dem Übergang zwischen unverbranntem zu verbranntem, sind lokal unnatürliche Anhäufungen vorzufinden (eingezeichneter Kreisbereich), die einem pseudo-stationären Zustand gleichen und eine gleichmässige statistische Verteilung von x_{N_2} ersetzen. Die Aufnahme erfolgte in einer Höhe von h = 150 mm auf der Brennermittelachse (r = 00 mm), der Mischzone im Bereich der turbulenten Vormischflamme, die sich durch hohe Signal-Intensitätsschwankungen im Ramanspektrum auszeichnet.
Da dieses Artefakt nicht in Zuständen vorkommt, die sich in einem chemischen Gleichgewicht befinden, schliessen sich folgende Kriterien als Ursache dieser Anomalie aus:

- Statistische Schwankungen
- Schwankungen der Beampoint-Stabilität (Stabilität in der Laserstrahlführung)
- Mechanische und optische Komponenten, die durch die Wärmeentwicklung am Freistrahlbrenner einer Erwärmung und damit verbundenen Verschiebung aus dem optischen Strahlführungssystems unweigerlich ausgesetzt sind
- Laser-Intensitätsschwankungen
- Jitter (Taktzittern bei der Übertragung der digitalen Triggerpulse für den Laser)

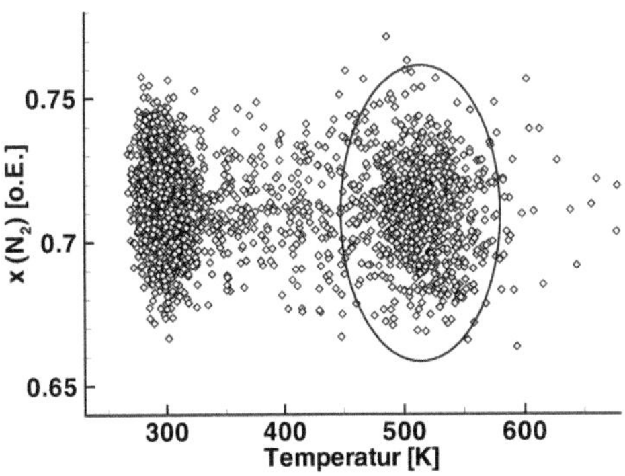

Abb. 81: Darstellung der Molenbruchverteilung x_{N_2} über die Temperatur, aufgenommen am Freistrahlbrenner in einer Höhe von h = 150 mm über Brennerkopf auf der Mittellinie (r = 00 mm).

Alle aufgeführten Ausschliessungskriterien und die Ergebnisse aller Einstellungen am Messsystem haben ergeben, dass alle ramanspektroskopischen Aufnahmen an den laminaren und turbulenten Flammen durch einer Mittelung von zwei Einzelaufnahmen erfolgt sind. Diese Mittelung ist eine Folge von einer Kameraeinstellung, die durch Servicearbeiten irrtümlich eingestellt worden ist. Ein intensives Signal (z.B. N_2 an Frischgas) in Folge nach einem schwachem Signal (z.B. in einer verbrannten Zone), wie es in Mischzonen mit statistischen Charakter üblich ist, mittelt sich bei gleichbleibender Auflösung in Ort und Zeit im Schluss zu einem Signal mittlerer Stärke (siehe Häufungspunkt in Abb. 81). Die Folge dieser Fehleinstellung am Kamerasystem hat vor diesem Hintergrund allerdings eine um den Faktor $\sqrt{2}$ geringere Standardabweichung der bestimmten Messparameter, lässt aber die Richtigkeit dieser (Molenbruch, Mischungsbruch, etc.) absolut und im Mittel unberührt. Ein weiterer Punkt, der zu diesem Artefakt geführt haben könnte, beinhaltet die Möglichkeit eines eventuell insuffizenten Auslesemechanismus der digitalen Kamera durch ihren phosphoreszierenden Verstärkermechanismus. Signal - Intensitätsänderungen, die von Schuss zu Schuss in Mischgasphasen zwar hinreichend aufgelöst, jedoch beim Auslesen des Kamerachips nach dem Schieberegister dazu führt, dass es zu einer "Verschmierung" der Signalintensität von der einzelnen Aufnahmen kommt. Dieses Phänomen tritt vorzugsweise bei Spektren dann auf, wenn signalintensive Spektren vorausgegangen sind, so dass eine Restsignalstärke, die aus einer abklingenden Verstärkung durch Phosphoreszenz resultiert, in die folgende Aufnahme übernommen wird.
Solche Intensitätsverschmierungen lassen sich im Vorfeld umgehen, indem die Taktfrequenz am Pulsgenerator der Kamera von 10 Hz um den Faktor 2 auf 5 Hz (oder höher) heruntergesetzt wird. Hierzu könnten Untersuchungen in turbulenten Mischzonen mit verschiedenen Abtastfrequenzen durchgeführt und verglichen werden. Die Messzeit würde sich dadurch um den selben Faktor erhöhen, darüber hinaus jedoch einen eventuellen qualitativen Zugewinn versprechen.
In Bezug auf die Auswertung müssten neue Auswertemechanismen entwickelt werden, mit denen man die unter Kap. 3.2.2 beschriebene Problematik des Signalüberlapp umgehen kann. Obwohl die angewandte Flächenauswertung des Signalpaares CO_2 und O_2 gute und reproduzierbare Ergebnisse hervorbrachten, hält diese Flächenauswertung Verschiebungen auf der optischen Pixelachse z.B. durch Erwärmung des optischen Systems durch die Flamme nicht stand. Kontrollmessungen haben gezeigt, dass in diesem Experiment bei magerer Gasgemischzusammensetzungen die Verschiebungen minimal sind und dadurch mit Abweichungen im einstelligen Bereich (max. 1-2 Pixel von insgesamt 1024) einzukalkulieren sind.
Die Auswertung von Ramanspektren hat sich aufgrund von hohen unterschiedlichen Signalintensitäten der Spezies als sehr schwierig erwiesen. Während sich die Signale für Stickstoff und Methan bei kleinem Fehler einfach auswerten liessen, erschwerte sich die Auswertung für die Minoritätsspezies CO_2, H_2O und vor allem H_2. Abgesehen von der Problematik des Signalüberlapps bei Sauerstoff und Kohlendioxid sind die Konzentrationen von H_2O und H_2 im Vergleich zu Stickstoff sehr gering und lassen sich mit dem voreingestellten Detektionssystem nur sehr schwach abbilden, bzw. auswerten. Einen möglichen Erfolg würden in diesem Fall weitere Schmalband-

filter für N_2 und CH_4 versprechen, die die Signalintensitätsunterschiede reduzieren könnte, um die Intensität aller Spezies anzugleichen. Eine Folge dessen brächte eine verbesserte Signal-zu-Rausch-Charakteristik sowie genauere Angaben der Spezieskonzentrationen in den einzelnen Flammenbereichen hervor.
Die Ermittlung des effektiven Wirkungsquerschnitts η_i^{kal} für die singnalschwachen (H_2O, CO und H_2) als auch signalstarken Spezies (N_2, CH_4 und O_2) hat sich als unzureichend herausgestellt (Kap. 3.2.1), sodass eine Renormierung unumgänglich war. Alle Datensätze zeichneten sich primär von einer hohen Punkt-zu-Punkt-Streuung aus, was auf eine hohe Intstabilität des experimentellen Aufbaus sowie auf die ungenügende Regelungseinheit der Masseflussregler zurückzuführen ist. Während der Kalibriermessungen als auch bei den Messungen an der turbulenten Freistrahlflamme wurde nach 2 Messreihen eine Statusmessung über ein Luftsprektrum durchgeführt, auf die die Ramanspektren hin korrigiert wurden. Die Ergebnisse des effektiven Wirkungsquerschnitts haben allerdings gezeigt, dass der gesamte experimentelle Aufbau von weiteren Einflussgrössen begleitet wird, die sich durch die Referenzmessung an Luft nicht korrigieren lassen. Darunter fallen z.B. das mechanisch instabile Laserstrahlführungssystem, thermische Ausdehnung aller mechanischen Komponenten und die Regelungseinheit der Masseflussregler. Das Kamarasystem konnte durch den Linearitätscheck Kameraverstärkung über Signalstärke dafür ausgeschlossen werden (Kap. 3.2.4). In Summe betrachtet ergeben sich in der Datenaufzeichnung Unstetigkeiten, die sich nicht in Form von systematischen Fehlern bei den ramanspektroskopischen Messungen klassifizieren lassen. Trotz der hohen Schwankungen von η_i^{kal} konnte der charakteristische Verlauf über die Temperatur realistisch wiedergegeben werden, der durch die Linearisierung in der Auswertung jedoch nicht verifiziert werden konnte.
Um die Molen- und Mischungsbruchverteilung sowie die Temperatur in unteren Höhenbereichen besser klassifizieren zu können, wäre es notwendig, das Raster, nach dem die Flamme vermessen worden ist, zu verkleinern. In den Höhen $30\,\text{mm} < \text{h} < 120\,\text{mm}$ würden die Abstufungen in radialer Richtung mit 5 mm statt 10 mm eine genauere Charakterisierung der Flamme zulassen und Übergänge zwischen den Zonen besser auflösen.
Ein weiterer Aspekt, der verbesserte Aufnahmebedingungen des experimentellen Zwei-Phasen-Systems liefert, betrifft die Generierung von Tröpfchen. Der Tropfenstrahl erwies sich lediglich in Brenner-nahen Höhen ($\text{h} < 100\,\text{mm}$) als stabil, in deren unmittelbarer Nähe Ramanspektren mit den leistungsstarken Lasern gezielt detektiert werden konnte. Für alle Höhen, die darüber lagen, waren kaum Detektionsmöglichkeiten in unmittelbarer Nähe des Tröpfchenstrahls vorhanden, da sich der Tropfenstrahl mit zunehmendem Abstand vom Brennerkopf aufgrund der turbulenten Umgebungsströmung zunehmend in eine Sprayanordnung änderte. Um Funkenüberschläge im Fokus des Lasers durch Tröpfchen zu vermeiden, konnten in der turbulenten Freistrahlflamme mit Kraftstofftröpfchen Ramanspektren nur in Regionen aufgenommen werden, die im sicheren Abstand zum Spraykegel lagen. Diese Problematik liesse sich durch weitere gezielte Voruntersuchungen minimieren, die sich im wesentlich auf folgende Punkte reduzieren lassen:

- Auswahl einer geeigneten Kraftstoffflüssigkeit, die unter diesen experimentellen Bedingungen eine Generierung homogener Tröpfchen bei gewünschten geometrischen Grössen zulässt,

- die Generierung von Tröpfchen kleineren Durchmessers, die beim Eintritt in heisse Flammenzonen vollständig verdampfen und verbrennen, um in diese von sehr hohem Interesse belegten Bereichen vorzudringen und entsprechende Raman-spektroskopische Aufnahmen ohne Konfiliktsituationen wie Funkenüberschläge durch Plasmabildung durchführen zu können,

- Vorerwämung der flüssigen Kraftstoffes, um den Übergang von Dampf- in die Gasphase und damit die Tröpfchenverbrennung zu beschleunigen,

- Stabilisierung des Tropfenstrahls sowie

- Untersuchung der Tröpfchenverbrennung an laminaren Flammen, die auf eine definierte Verdampfungsrate zurückrechnen lässt.

8 Anhang

Gasgemischzusammensetzungen von H_2 - Luft - Flammen

Nr.	N_2 [l/min]	O_2 [l/min]	H_2 [l/min]	CO_2 [l/min]	Φ	T [K]
1	18.41	4.89	4.88	3.00	0.50	1494
2	18.41	4.89	4.88	5.00	0.50	1494
3	9.16	2.44	4.88	5.00	1.00	1565
4	9.16	2.44	4.88	3.00	1.00	1565
5	7.63	2.03	4.88	3.00	1.20	1288
6	7.63	2.03	4.88	5.00	1.20	1288
7	7.06	1.88	4.88	5.00	1.30	1246
8	7.06	1.88	4.88	3.00	1.30	1246
9	26.47	7.04	9.85	5.00	0.70	1696
10	15.41	4.10	9.85	5.00	1.20	1452
11	14.22	3.78	9.85	5.00	1.30	1374
12	26.47	7.04	19.70	5.00	1.40	1503
13	52.14	13.86	19.70	5.00	1.00	2088

Tab. 7: Gasgemischzusammensetzungen vorgemischter H_2 - Luft - Flammen nach Vorlage der DLR Stuttgart [WS94] unter Zusetzung von CO_2 - Gas.

Nr.	Φ	T [K]	x (CO_2)	x (O_2)	x (CO)	x (N_2)	x (H_2O)	x (H_2)
1	0.50	1494	0.10	0.085	0.00	0.64	0.17	0.00
2	0.50	1494	0.16	0.08	0.00	0.60	0.16	0.00
3	1.00	1565	0.26	0.00	0.00	0.48	0.26	0.00
4	1.00	1565	0.18	0.00	0.00	0.54	0.29	0.00
5	1.20	1288	0.17	0.00	0.03	0.49	0.29	0.03
6	1.20	1288	0.26	0.00	0.03	0.44	0.26	0.02
7	1.30	1246	0.26	0.00	0.04	0.42	0.26	0.03
8	1.30	1246	0.17	0.00	0.04	0.47	0.29	0.04
9	0.70	1696	0.12	0.05	0.00	0.61	0.23	0.00
10	1.20	1452	0.14	0.00	0.03	0.51	0.30	0.03
11	1.30	1374	0.13	0.00	0.04	0.49	0.28	0.04
12	1.40	1503	0.06	0.00	0.04	0.52	0.31	0.07
13	1.00	2088	0.06	0.00	0.00	0.61	0.32	0.00

Tab. 8: Molenbruchverteilung der aus Tab. 7 verwendeter Gasgemischzusammensetzungen, die unter Verwendung des Programms Gaseq hin korrigiert wurden.

Gasgemischzusammensetzungen von CH_4 - Luft - Flammen

Nr.	CH_4 [l/min]	Luft [l/min]	Φ	T [K]	x (CO_2)	x (O_2)	x (CO)	x (N_2)	x (H_2O)	x (H_2)
1	1.31	15.60	0.80	1765	0.10	0.085	0.00	0.64	0.17	0.00
2	1.31	12.40	1.00	1790	0.16	0.08	0.00	0.60	0.16	0.00
3	1.31	11.31	1.10	1754	0.26	0.00	0.00	0.48	0.26	0.00
4	1.73	20.63	0.80	1828	0.18	0.00	0.00	0.54	0.29	0.00
5	1.73	14.96	1.10	1826	0.17	0.00	0.03	0.49	0.29	0.03
6	2.55	27.00	0.90	1976	0.26	0.00	0.03	0.44	0.26	0.02
7	2.55	24.14	1.00	2009	0.26	0.00	0.04	0.42	0.26	0.03
8	2.55	17.43	1.39	1929	0.17	0.00	0.04	0.47	0.29	0.04
9	3.42	36.18	0.90	2110	0.12	0.05	0.00	0.61	0.23	0.00
10	3.42	32.40	1.20	2100	0.14	0.00	0.03	0.51	0.30	0.03
11	2.29	15.00	1.45	1915	0.04	0.00	0.08	0.63	0.17	0.07

Tab. 9: Gasgemischzusammensetzungen vorgemischter CH_4 - Luft - Flammen nach [PW96].

Linearität der Kameraversärkung

Poti	Yield (N_2) [o.E.]	Output Laser [mJ]
1	1.03	41
2	2.66	184
3	4.41	344
4	5.82	490
5	7.20	616
6	8.42	720
7	9.20	800
8	9.77	858
9	10.10	888

Tab. 10: Check der Linearität des Laserverstärkers. Dazu wurde das Ramansignal von Stickstoff an reinem Stickstoffgas aufgenommen, dessen Fläche bestimmt und in Abhängigkeit der Kameraverstärkung aufgetragen.

Literatur

[AF00] N. Roth A. Frohn. *Dynamics of Droplets*. Springer Verlag, 2000. 1. Auflage.

[ARF91] K. Anders, N. Roth, and A. Frohn. Simultaneous in situ measurements of size and velocity of burning droplets. *Part Part. Syst. Charact.*, 8:136–141, 1991.

[Bar97] http://www.ca.sandia.gov/tdf/3rdworkshop/m3apilot97/flamed.html. Technical report, Sandia Piloted CH4/Air Jet Flames: Preliminary Data Release, Sandia National Laboratories, 1997.

[Bil89] R. W. Bilger. Turbulent diffusion flames. *Ann. Rev. Fluid Mech.*, 13:101–135, 1989.

[BM99] R. Bender and U. Maas. Pdf-simulation turbulenter vormischflammen unter verwendung verschiedener modelle für den turbulenten transport. *VDI Berichte 1492*, pages 493–498, 1999.

[Bor88] R. Borghi. Turbulent combustion modelling. *Prog. Energ. Comb. Sci.*, 14:245–292, 1988.

[BS74] Bergmann-Schäfer. *Lehrbuch der Experimentalphysik, Band I.* Verlag Walter de Gruyter, 1974. 9. Auflage.

[Cur63] R. L. Curl. Dispersed phase mixing: 1. theory and effects in simple reactors. *A.I.Ch.E. Journal*, 9:175–181, 1963.

[Dem91] Wolfgang Demntröder. *Laserspektroskopie*. Springer-Verlag, 1991. 2. Auflage.

[Dop79] C. Dopazo. Relaxation of initial probability density functions in the turbulent convection of scalar fields. *Phys. Fluids*, 22:20–30, 1979.

[Dop94] C. Dopazo. Recent developments in pdf methods. In P. A. Libby and F. A. Williams, editors, *Turbulent Reacting Flows*, pages 375–474. Academic Press, New York, 1994.

[Eck96] A. C. Eckbreth. *Laser diagnostics for combustion temperature and species*. Gordon and Breach Publishers, 1996. 1. Auflage.

[GK86] A. Frohn G. König, K. Anders. A new light-scattering technique to measure the diameter of periodically generated moving droplets. *J. Aerosol Sci.*, 17:157–167, 1986.

[Hec01] E. Hecht. *Optik*. Oldenbourg Verlag, 2001. 3. Auflage.

[HH94] H.C. Wolf H. Haken. *Molekülphysik und Quantenchemie*. Springer-Verlag, 1994. 2. Auflage.

[HU99] H. Lohner K. Bauckhage H. Ulmke, T. Wriedt. The piezoelectric droplet generator - a versatil tool for dispensing applications and calibration of particle sizing instruments. *Precision Engineering - Nanotechnology, Proceedings of the first International euspen conference*, 2:290–293, Aachen, 1999.

[HU01] K. Bauckhage H. Ulmke, T. Wried. Piezoelectric droplet generator for the calibration of particle-sizing instruments. *Chem. Eng. Technol.*, 24:265–268, 2001.

[JKK79] J. Janicka, W. Kolbe, and W. Kollmann. Closure of the transport equation of the probability density function of turbulent scalar fields. *J. of Non-Equilibrium Thermodynamics*, 4:47–66, 1979.

[Jor02] Fin E. Jorgensen. *How to measure Turbulence with Hot-Wire Anemometers.* Dantec Dynamics, 2002. Skovlunde, Denmark.

[JW99] R.W. Dibble J. Warnatz, U. Maas. *Combustion: Physical and Chemical Fundamentals, Modeling and Simulation, Experiments, Pollutant Formation.* Springer, 1999. Berlin, Heidelberg.

[KHH91] A. Frohn K.-H. Hesselbacher, K. Anders. Experimental investigation of gaussian beam effects on the accuracy of a droplet sizing method. *Applied Optics*, 30:4930–4935, 1991.

[KM93] P. Vachenauer K. Meyberg. *Hoehere Mathematik.* Springer Verlag, 1993. 2. Auflage.

[Kne94] F.K. Kneubühl. *Repititorium der Physik.* Teubner Verlag, 1994. 5. Auflage.

[Leo04] T. Leopold. *Entwicklung und Charakterisierung eines Systems zur Generierung von Tropfenketten.* Studienarbeit, Institut fuer Technische Verbrennung, Universitaet Stuttgart, Pfaffenwaldring 12, 70569 Stuttgart, Germany, 2004.

[LRR75] B. E. Launder, G. J. Reece, and W. Rodi. Progress in the development of a Reynolds-stress turbulence closure. *J. Fluid Mech.*, 68:537–566, 1975.

[LW80] P. A. Libby and F. A. Williams, editors. *Turbulent Reactive Flows.* Springer, New York, 1980.

[Maa99] U. Maas. Mathematical modeling of the coupling of chemical kinetics with flow and molecular transport. In *Scientific Computing in Chemical Engineering II*, pages 26–56. Springer, 1999.

[Maa03] U. Maas. *Sprayverbrennung.* Vorlesungsskript der Universität Stuttgart, WS 2002/2003.

[MBF+96] A. R. Masri, R. S. Barlow, G. J. Fiechtner, B. B. Dally, and D. F. Fletcher. Measurements of NO in turbulent nonpremixed flames stabilised on a bluff body. In *26th Symposium (International) on Combustion*, pages 2191–2197. The Combustion Institute, Pittsburgh, PA, 1996.

[Mie08] G. Mie. Beitraege zur optik trueber medien, speziell kolloidaler metallloesungen. *Ann. Phys.*, 25:377, 1908.

[Mor05] C. Morley. *Gaseq, Chemical Equilibria in Perfect Gases, Version 0.79.* http://www.gaseq.co.uk, 2005.

[MP92a] U. Maas and S. B. Pope. Implementation of simplified chemical kinetics based on intrinsic low-dimensional manifolds. In *24th Symposium (International) on Combustion*, volume 24, pages 103–112. The Combustion Institute, Pittsburgh, PA, 1992.

[MP92b] U. Maas and S. B. Pope. Simplifying chemical kinetics: Intrinsic low--dimensional manifolds in composition space. *Combustion and Flame*, 88:239–264, 1992.

[MT94] J. Popp W. Kiefer M. Trunk, M. Lankers. Simple and inexpensive design for a uniform-size droplet generator. *Spectroscopic Techniques*, 48:1291–1293, 1994.

[Nau97] M. Nau. *Berechnung turbulenter Diffusionsflammen mit Hilfe eines Verfahrens zur Bestimmung der Wahrscheinlichkeitsdichtefunktion und automatischer reduzierter Reaktionsmechanismen.* PhD thesis, Fakultät Energietechnik, Universität Stuttgart, 1997.

[Nol94] W. Nolting. *Theoretische Physik, Quantenmechanik I+II.* Zimmermann-Neufang, Ulmen, 1994. 2. Auflage.

[Obo06] M. Obojski. *Ramanspektroskopie an kalten McKenna-Flammen unter Einfluss von CO_2.* Institut fuer Technische Verbrennung, Universitaet Stuttgart, Studienarbeit, 2006.

[Pet86] N. Peters. Laminar flamelet concepts in turbulent combustion. *21st Symposium on Combustion*, pages 1231–1250, 1986.

[Pet00] N. Peters. *Turbulent Flows.* Cambridge University Press, 2000.

[PL00] G. Lavergne J. F. Virepinte M. Labouch P. Lavieille, F. Lemoine. Temperature measurements on droplets in mododisperse stream using laser-induced fluorescence. *Eperiments in Fluids*, 29:429–437, 2000.

[Pop81] S. B. Pope. Monte carlo calculations of premixed turbulent flames. In *18th Symposium (International) on Combustion*, pages 1001–1010. The Combustion Institute, Pittsburgh, PA, 1981.

[Pop82] S. B. Pope. An improved turbulent mixing model. *Combust. Science and Technology*, 28:131–145, 1982.

[Pop85a] S. B. Pope. PDF methods for turbulent reactive flows. *Prog. Energy Combust. Sci.*, 11:119–192, 1985.

[Pop85b] S. B. Pope. Pdf methods for turbulent reactive flows. *Progress in Energy and Combustion Science*, 1985.

[Pop90] S. B. Pope. Computations of turbulent combustion: Progress and challenges. In *23rd Symposium (International) on Combustion*, pages 591–612. The Combustion Institute, Pittsburgh, PA, 1990.

[Pop00] S. B. Pope. *Turbulent Flows.* Cambridge University Press, 2000.

[PW96] W. Meier P. Weigand, R. Lueckerath. Documentation of flat premixed laminar ch_4/air standard flames: Temperatures and species concentrations. *DLR Datenarchiv, Institute of Combustion Technology*, pages 1–3, 1996.

[RAF91] N. Roth, K. Anders, and A. Frohn. Refractive-index measurements for the correction of particle sizing methods. *Applied Optics*, 30(33):4960–4965, 1991.

[Ray78] Lord Rayleigh. On the instability of jets. *London Mathematical Society*, s1-10:4–13, 1878.

[RG74] G. Janisch R. Guenther, H. Wilhelmi. *Verbrennung und Feuerungen.* Springer-Verlag GmbH, 1974. 1. Auflage.

[Ruc03] J. Ruckwied. *Entwicklung eines Programms zur Auswertung von Ramanspektren.* Institut fuer Technische Verbrennung, Universitaet Stuttgart, Studienarbeit, 2003.

[SB85] S. H. Stårner and R. W. Bilger. Characteristics of a piloted diffusion flame designed for study of combustion turbulence interactions. *Combustion and Flame*, 61:29–38, 1985.

[Sch03] B. Schneider. *Experimentelle Untersuchungen zur Spraystruktur in transienten, verdampfenden und nicht verdampfenden Brennstoffstrahlen unter Hochdruck.* Dissertation, Eidgenössische Technische Hochschule Zrich, 2003.

[SK96] H. Schlichting and K.Gersten. *Grenzschicht-Theorie.* Springer, Heidelberg, 9. edition, 1996.

[Ste02] B. Steiner. *Raman-spektroskopische Untersuchung turbulenter vorgemischter Flammen.* PhD thesis, Institut fuer Technische Verbrennung, Universitaet Stuttgart, 2002.

[Sun99] R. Suntz. *Laserspektroskopische Untersuchung laminarer und turbulenter Flammen.* Habilitation Thesis, Institut für Technische Chemie, Universität Kaiserslautern, Institut für Chemische Technik, Universität Karlsruhe, 1999.

[Swi91] Gary L. Switzer. A versatile system for stable generation of uniform droplets. *Rev. Sci. Instrum. 62*, 11:2765–2771, 1991.

[uKAS79] I. N. Bronstein und K. A. Semendjajew. *Taschenbuch der Mathematik.* BSB B.G. Teubner Verlagsgesellschaft, Leipzig, 1979.

[Wal06] W. Walcher. *Praktikum der Physik.* Teubner, 2006. 9. Auflage.

[Wil93] D. C. Wilcox. *Turbulence modeling for CFD.* DCW Industries Inc., 1993.

[WMD96] J. Warnatz, U. Maas, and R. W. Dibble. *Combustion.* Springer-Verlag Berlin Heidelberg New York, 1996.

[WMD01] J. Warnatz, U. Maas, and R. W. Dibble. *Combustion.* Springer, 2001. 3^{rd}edition.

[WS94] W. Meier W. Stricker, S. Prucker. A flat flame burner as calibration source for combustion research: Temperatures and species concentrations of premixed h_2/air flames. *Rev. Sci. Instrum.*, 65:2908–2911, 1994.

[XZ03] S. Mahalingam X. Zhou. A suitable mixture fraction for diffusion flame of wood pyrolysis gas. *Combustion and Flame*, 133:197–199, 2003.

Lebenslauf

Dietmar Martin Malcherek
geboren am 13. Mai 1966 in Stuttgart
deutsche Staatsangehörigkeit

Schulbildung

1972 - 1976 Grundschule Stuttgart
1976 - 1981 Hauptschule Stuttgart, Hauptschulabschluss
1981 - 1983 Gewerbl. - Techn. Berufsfachschule Stuttgart, Max-Eyth-Schule, Mittlere Reife
1983 - 1986 Ausbildung zum Mechaniker, Universität Stuttgart, Geselle
1986 - 1988 Technische Oberschule Stuttgart, Fachgebundene Hochschulreife

1988 - 1990 Bundeswehr/Zivildienst

Hochschulstudium

1993 - 2001 Physik-Studium an der Universität Stuttgart
Abschluss: Diplom Physik
Thema der Diplomarbeit: *Untersuchung der Interferenzstruktur bei der* 2^+*- Resonanz in der* $^{12}C(\alpha,\gamma)O^{16}$*- Reaktion*, Institut für Strahlenphysik

2001 - 2006 Promotionsstudiengang an der Universität Karlsruhe
Institut für Technische Thermodynamik